한 권으로

서술형

끝

※ 검토해 주신 분들

최현지 선생님 (서울자곡초등학교)
서채은 선생님 (EBS 수학 강사)
이소연 선생님 (L.MATH 학원 원장)

한 권으로 초등수학 서술형 끝 8

지은이 나소은·넥서스수학교육연구소
펴낸이 임상진
펴낸곳 (주)넥서스

초판 1쇄 발행 2020년 5월 29일
초판 2쇄 발행 2020년 6월 05일

출판신고 1992년 4월 3일 제311-2002-2호
10880 경기도 파주시 지목로 5
Tel (02)330-5500 Fax (02)330-5555

ISBN 979-11-6165-877-3 64410
     979-11-6165-869-8 (SET)

www.nexusbook.com
www.nexusEDU.kr/math

생각대로 술술 풀리는

#교과연계 #창의수학 #사고력수학 #스토리텔링

초등 수학

한 권으로 서술형 끝

나소은 · 넥서스수학교육연구소 지음

8

초등수학
4-2 과정

넥서스에듀

〈한 권으로 서술형 끝〉으로
끊임없는 나의 고민도 끝!

문제를 제대로 읽고 답을 했다고 생각했는데, 쓰다 보니 자꾸만 엉뚱한 답을 하게 돼요.

문제에서 어떠한 정보를 주고 있는지, 최종적으로 무엇을 구해야 하는지
정확하게 파악하는 단계별 훈련이 필요해요.

독서량은 많지만 논리 정연하게 답을 정리하기가 힘들어요.

독서를 통해 어휘력과 문장 이해력을 키웠다면, 생각을 직접 글로 써보는
연습을 해야 해요.

서술형 답을 어떤 것부터 써야 할지 모르겠어요.

문제에서 구하라는 것을 찾기 위해 어떤 조건을 이용하면 될지 짝을
지으면서 "A이므로 B임을 알 수 있다."의 서술 방식을 이용하면 답안
작성의 기본을 익힐 수 있어요.

시험에서 부분 점수를 자꾸 깎이는데요, 어떻게 해야 할까요?

직접 쓴 답안에서 어떤 문장을 꼭 써야 할지, 정답지에서 제공하고 있는
'채점 기준표'를 이용해서 꼼꼼하게 만점 맞기 훈련을 할 수 있어요.
만점은 물론, 창의력 + 사고력 향상도 기대하세요!

왜 〈한 권으로 서술형 끝〉으로
공부해야 할까요?

서술형 문제는 종합적인 사고 능력을 키우는 데 큰 역할을 합니다. 또한 배운 내용을 총체적으로 검증할 수 있는 유형으로 논리적 사고, 창의력, 표현력 등을 키울 수 있어 많은 선생님들이 학교 시험에서 다양한 서술형 문제를 통해 아이들을 훈련하고 계십니다. 부모님이나 선생님들을 위한 강의를 하다 보면, 학교에서 제일 어려운 시험이 서술형 평가라고 합니다. 어디서부터 어떻게 가르쳐야 할지, 논리력, 사고력과 연결되는 서술형은 어떤 책으로 시작해야 하는지 추천해 달라고 하십니다.

서술형 문제는 창의력과 사고력을 근간으로 만들어진 문제여서 아이들이 스스로 생각해보고 직접 문제에 대한 답을 찾아나갈 수 있는 과정을 훈련하도록 해야 합니다. 서술형 학습 훈련은 먼저 문제를 잘 읽고, 무엇을 풀이 과정 및 답으로 써야 하는지 이해하는 것이 핵심입니다. 그렇다면, 문제도 읽기 전에 힘들어하는 아이들을 위해, 서술형 문제를 완벽하게 풀 수 있도록 훈련하는 학습 과정에는 어떤 것이 있을까요?

문제에서 주어진 정보를 이해하고 단계별로 문제 풀이 및 답을 찾아가는 과정이 필요합니다.
먼저 주어진 정보를 찾고, 그 정보를 이용하여 수학 규칙이나 연산을 활용하여 답을 구해야 합니다.
서술형은 글로 직접 문제 풀이를 써내려 가면서 수학 개념을 이해하고 있는지 잘 정리하는 것이 핵심이어서 주어진 정보를 제대로 찾아 이해하는 것이 가장 중요합니다.

서술형 문제도 단계별로 훈련할 수 있음을 명심하세요! 이러한 과정을 손쉽게 해결할 수 있도록 교과서 내용을 연계하여 집필하였습니다. 자, 그럼 "한 권으로 서술형 끝" 시리즈를 통해 아이들의 창의력 및 사고력 향상을 위해 시작해 볼까요?

EBS 초등수학 강사 **나소은**

나소은 선생님 소개

- (주)아이눈 에듀 대표
- EBS 초등수학 강사
- 좋은책신사고 쎈닷컴 강사
- 아이스크림 홈런 수학 강사
- 천재교육 밀크티 초등 강사

- 교원, 대교, 푸르넷, 에듀왕 수학 강사
- Qook TV 초등 강사
- 방과후교육연구소 수학과 책임
- 행복한 학교(재) 수학과 책임
- 여성능력개발원 수학지도사 책임 강사

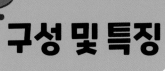

구성 및 특징

초등수학 서술형의 끝을 향해
여행을 떠나 볼까요?

STEP 1 대표 문제 맛보기

핵심유형 1 ☆ 진분수의 덧셈과 뺄셈

STEP 1 대표 문제 맛보기

도일이는 아버지와 함께 할머니 댁의 벽을 칠하고 있습니다. 도일이는 벽의 $\frac{2}{7}$ 를, 아버지는 도일이보다 $\frac{2}{7}$ 를 더 칠했습니다. 칠한 부분은 전체 벽의 얼마인지 풀이 과정을 쓰고, 답을 구하세요.

1단계 알고 있는 것 : 도일이가 칠한 부분 : 벽의 □ 를 칠합니다.

아버지가 칠한 부분: 도일이보다 □ 를 더 칠했습니다.

2단계 구하려는 것 : □ 와 아버지가 칠한 부분은 전체 □ 의 얼마인지 구하려고 합니다.

3단계 문제 해결 방법 : 먼저 도일이가 칠한 부분에 □ 를 더하여 아버지가 칠한 부분을 구한 후, 도일이와 아버지가 칠한 부분을 (더합니다, 뺍니다).

4단계 문제 풀이 과정 : (아버지가 칠한 부분)=(도일이가 칠한 부분) + □

$= \dfrac{\square}{\square} + \dfrac{\square}{\square} = \dfrac{\square}{\square}$

(두 사람이 칠한 부분) =(도일이가 칠한 부분)+(아버지가 칠한 부분)

$= \dfrac{\square}{\square} + \dfrac{\square}{\square} = \dfrac{\square}{\square}$

5단계 구하려는 답 : 따라서 두 사람이 칠한 부분은 전체 벽의 □ 입니다.

12

처음이니까 서술형 답을
어떻게 쓰는지 5단계로
정리해서 알려줄게요!
교과서에 수록된 핵심
유형을 맛볼 수 있어요.

STEP 2 따라 풀어보기

STEP 2 따라 풀어보기

민지는 주스 1 L를 아침에 $\frac{5}{12}$ L, 점심에 $\frac{3}{12}$ L를 마셨습니다. 민지가 아침과 점심에 마시고 남은 주스는 몇 L인지 풀이 과정을 쓰고, 답을 구하세요.

1단계 알고 있는 것 : 처음의 양은 □ L이고,

민지는 아침에 □ L, 점심에 □ L를 마셨습니다.

2단계 구하려는 것 : 아침과 점심에 마시고 □ 주스가 몇 L인지 구하려고 합니다.

3단계 문제 해결 방법 : 처음 양에서 아침과 점심에 먹은 주스의 양을 차례로
(더합니다, 뺍니다).

4단계 문제 풀이 과정 : (아침에 마시고 남은 주스의 양)

$= \dfrac{\square}{\square} - \dfrac{\square}{12}$

$= \dfrac{\square}{12} - \dfrac{\square}{12}$

$= \dfrac{\square}{12}$ (L)

(점심에 마시고 남은 주스의 양)

$= \dfrac{\square}{\square} - \dfrac{\square}{\square}$

$= \dfrac{\square}{\square}$ (L)

5단계 구하려는 답 :

'Step1'과 유사한 문제를
따라 풀어보면서 다시 한 번
익힐 수 있어요!

1 분수의 덧셈과 뺄셈 • 13

STEP 3 스스로 풀어보기

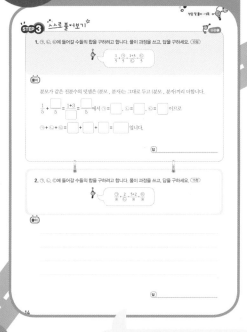

STEP 3 스스로 풀어보기

1. ㉠, ㉡, ㉢에 들어갈 수들의 합을 구하려고 합니다. 풀이 과정을 쓰고, 답을 구하세요.

$\dfrac{1}{5} + \dfrac{㉠}{5} = \dfrac{1+㉡}{㉢}$

풀이

분모가 같은 진분수의 덧셈은 (분모, 분자)는 그대로 두고 (분모, 분자)끼리 더합니다.

$\dfrac{1}{5} + \dfrac{\square}{\square} = \dfrac{1+3}{5}$ 에서 ㉠=□, ㉡=□, ㉢=□ 이므로

㉠+□+㉢=□+□=□ 입니다.

답

2. ㉠, ㉡, ㉢에 들어갈 수들의 합을 구하려고 합니다. 풀이 과정을 쓰고, 답을 구하세요.

$\dfrac{㉠}{8} - \dfrac{5÷2}{8} = \dfrac{㉢}{8}$

풀이

답

14

앞에서 학습한 핵심 유형을
생각하며 다시 연습해보고,
쌍둥이 문제로 따라 풀어보
세요! 서술형 문제를 술술
생각대로 풀 수 있답니다.

창의 융합, 생활 수학, 스토리텔링,
유형 복합 문제 수록!

실력 다지기

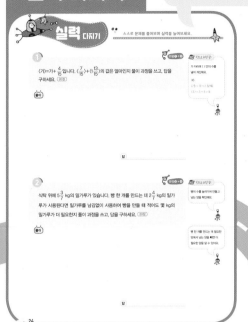

이제 실전이에요. 새 교육과정의 핵심인 '융합 인재 교육'에 알맞게 창의력, 사고력 문제들을 풀며 실력을 탄탄하게 다져보세요!

＋ 추가 콘텐츠

www.nexusEDU.kr/math

동영상 강의
추가 문제

단원을 마무리하기 전에 넥서스에듀 홈페이지 및 QR코드를 통해 제공하는 '스페셜 유형'과 다양한 '추가 문제'로 부족한 부분을 보충하고 배운 것을 추가적으로 복습할 수 있어요.
또한, '무료 동영상 강의'를 통해 교과와 연계된 개념 정리와 해설 강의를 들을 수 있어요.

QR코드를 찍으면
동영상 강의를
들을 수 있어요.

정답 및 해설

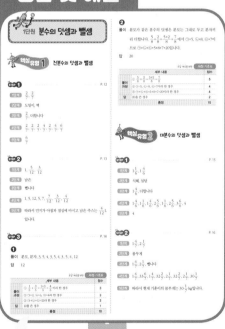

자세한 답안과 단계별 부분 점수를 보고 채점해보세요! 어떤 부분이 부족한지 정확하게 파악하여 사고력, 논리력을 키울 수 있어요!

나만의 문제 만들기

서술형 문제를 거꾸로 풀어 보면 개념을 잘 이해했는지 확인할 수 있어요! '나만의 문제 만들기'를 풀면서 최종 실력을 체크하는 시간을 가져보세요!

차례

5

꺾은선그래프

6

다각형

💡 **정답 및 풀이**　채점 기준표가 들어있어요!

1. 분수의 덧셈과 뺄셈

STEP 1 대표 문제 맛보기

도일이는 아버지와 함께 할머니 댁의 벽을 칠하고 있습니다. 도일이는 벽의 $\frac{2}{7}$ 를, 아버지는 도일이보다 $\frac{2}{7}$ 를 더 칠했습니다. 칠한 부분은 전체 벽의 얼마인지 풀이 과정을 쓰고, 답을 구하세요. (8점)

1단계 알고 있는 것 (1점)

도일이가 칠한 부분 : 벽의 ☐ 를 칠했습니다.

아버지가 칠한 부분: 도일이보다 ☐ 를 더 칠했습니다.

2단계 구하려는 것 (1점)

☐ 와 아버지가 칠한 부분은 전체 ☐ 의 얼마인지 구하려고 합니다.

3단계 문제 해결 방법 (2점)

먼저 도일이가 칠한 부분에 ☐ 를 더하여 아버지가 칠한 부분을 구한 후, 도일이와 아버지가 칠한 부분을 (더합니다 , 뺍니다).

4단계 문제 풀이 과정 (3점)

(아버지가 칠한 부분) =(도일이가 칠한 부분) + ☐

= ☐ + ☐ = ☐

(두 사람이 칠한 부분) =(도일이가 칠한 부분) +(아버지가 칠한 부분)

= ☐ + ☐ = ☐

5단계 구하려는 답 (1점)

따라서 두 사람이 칠한 부분은 전체 벽의 ☐ 입니다.

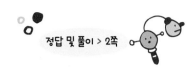

STEP 2 따라 풀어보기 ☆

민지는 주스 1 L를 아침에 $\frac{5}{12}$ L, 점심에 $\frac{3}{12}$ L를 마셨습니다. 민지가 아침과 점심에 마시고 남은 주스는 몇 L인지 풀이 과정을 쓰고, 답을 구하세요. (9점)

1단계 알고 있는 것 (1점)

처음의 양은 ☐ L이고,

민지는 아침에 ☐ L, 점심에 ☐ L를 마셨습니다.

2단계 구하려는 것 (1점)

아침과 점심에 마시고 ☐ 주스가 몇 L인지를 구하려고 합니다.

3단계 문제 해결 방법 (2점)

처음 양에서 아침과 점심에 먹은 주스의 양을 차례로
(더합니다 , 뺍니다).

4단계 문제 풀이 과정 (3점)

(아침에 마시고 남은 주스의 양)

$= \boxed{} - \dfrac{\boxed{}}{12}$

$= \dfrac{\boxed{}}{12} - \dfrac{\boxed{}}{12}$

$= \dfrac{\boxed{}}{12}$ (L)

(점심에 마시고 남은 주스의 양)

$= \boxed{} - \boxed{}$

$= \boxed{}$ (L)

5단계 구하려는 답 (2점)

STEP 3 스스로 풀어보기

1. ㉠, ㉡, ㉢에 들어갈 수들의 합을 구하려고 합니다. 풀이 과정을 쓰고, 답을 구하세요. (10점)

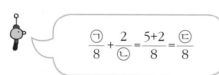

$$\frac{1}{5} + \frac{㉠}{5} = \frac{1+3}{㉡} = \frac{㉢}{5}$$

풀이

분모가 같은 진분수의 덧셈은 (분모 , 분자)는 그대로 두고 (분모 , 분자)끼리 더합니다.

$$\frac{1}{5} + \frac{\boxed{}}{5} = \frac{1+3}{\boxed{}} = \frac{\boxed{}}{5}$$ 에서 ㉠ = $\boxed{}$, ㉡ = $\boxed{}$, ㉢ = $\boxed{}$ 이므로

㉠ + ㉡ + ㉢ = $\boxed{}$ + $\boxed{}$ + $\boxed{}$ = $\boxed{}$ 입니다.

답 _____

2. ㉠, ㉡, ㉢에 들어갈 수들의 합을 구하려고 합니다. 풀이 과정을 쓰고, 답을 구하세요. (15점)

$$\frac{㉠}{8} + \frac{2}{㉡} = \frac{5+2}{8} = \frac{㉢}{8}$$

풀이

답 _____

STEP 1 대표 문제 맛보기

지민이는 식혜와 수정과를 만드는 엄마를 도와드리고 있습니다. 수정과에는 설탕이 $1\frac{1}{6}$ 컵이 필요하고 식혜에는 수정과보다 설탕이 $1\frac{4}{6}$ 컵 더 필요합니다. 식혜와 수정과를 만들 때 사용할 설탕의 양은 모두 얼마인지 풀이 과정을 쓰고, 답을 구하세요. 8점

1단계 **알고 있는 것** 1점

수정과에 필요한 설탕의 양 : ☐ 컵이 필요합니다.

식혜에 필요한 설탕의 양 : 수정과보다 ☐ 컵 더 필요합니다.

2단계 **구하려는 것** 1점

☐ 와 수정과에 사용할 ☐ 의 양이 모두 얼마인지 구하려고 합니다.

3단계 **문제 해결 방법** 2점

수정과에 필요한 설탕의 양에 ☐ 를 더하여 식혜에 필요한 설탕의 양을 구한 후, 식혜와 수정과에 필요한 설탕의 양을 (더합니다 , 뺍니다).

4단계 **문제 풀이 과정** 3점

(식혜에 필요한 설탕의 양) = (수정과에 필요한 설탕의 양) + ☐

= ☐ + ☐ = ☐ (컵)

(식혜와 수정과에 필요한 설탕의 양)=(수정과에 필요한 양)+(식혜에 필요한 양)

= ☐ + ☐ = ☐ = ☐ (컵)

5단계 **구하려는 답** 1점

따라서 식혜와 수정과를 만들 때 필요한 설탕의 양은 모두 ☐ (컵)입니다.

기훈이의 몸무게는 $33\frac{6}{7}$ kg이었습니다. 태권도를 배우기 시작하고 1주일 후 몸무게가 $1\frac{4}{7}$ kg이 빠졌고, 2주일 후 몸무게가 $2\frac{1}{7}$ kg이 더 빠졌습니다. 현재 기훈이의 몸무게는 몇 kg인지 풀이 과정을 쓰고, 답을 구하세요. (9점)

1단계 알고 있는 것 (1점) 기훈이의 몸무게는 $33\frac{6}{7}$ kg이었고, 1주일 후 ▢ kg이 빠졌고 2주일 후 ▢ kg이 빠졌습니다.

2단계 구하려는 것 (1점) 현재 기훈이의 ▢ 는 몇 kg인지 구하려고 합니다.

3단계 문제 해결 방법 (2점) 기훈이의 몸무게에서 ▢ kg을 뺀 뒤, ▢ kg을 (더합니다 , 뺍니다).

4단계 문제 풀이 과정 (3점) (1주일 후 기훈이의 몸무게) = (운동 전 기훈이의 몸무게) − ▢

= ▢ − ▢ = ▢ (kg),

(현재 몸무게)=(1주일 후 기훈이의 몸무게) − ▢

= ▢ − ▢ = ▢ (kg)

5단계 구하려는 답 (2점)

STEP 3 스스로 풀어보기

1. 4장의 수 카드 중에서 3장을 뽑아 한 번씩만 사용하여 분모가 5인 대분수를 만들려고 합니다. 만들

수 있는 가장 큰 대분수와 가장 작은 대분수의 합을 구하는 풀이 과정을 쓰고, 답을 구하세요. (10점)

| 1 | 3 | 5 | 7 |

풀이

7 > 5 > 3 > 1이므로 7, 5, 3을 뽑아 만든 가장 큰 대분수는 ⬜ 이고, 1, 3, 5를 뽑아 만든

가장 작은 대분수는 ⬜ 입니다. 따라서 만들 수 있는 가장 큰 대분수와 가장 작은 대분수의

합은 ⬜ + ⬜ = ⬜ = ⬜ 입니다.

답 _____

2. 5장의 수 카드 중에서 3장을 뽑아 한 번씩만 사용하여 분모가 7인 대분수를 만들려고 합니다. 만들

수 있는 가장 큰 대분수와 가장 작은 대분수의 합을 구하는 풀이 과정을 쓰고, 답을 구하세요. (15점)

| 2 | 4 | 7 | 5 | 9 |

풀이

답 _____

STEP 1 대표 문제 맛보기

서진이는 하루에 물 2 L를 마시려고 합니다. 어제 마시고 남은 물의 양은 $\frac{3}{5}$ L였고, 오늘은 $1\frac{1}{5}$ L가 남았습니다. 어제와 오늘 마신 물의 양을 각각 얼마인지 풀이 과정을 쓰고, 답을 구하세요. (8점)

1단계 알고 있는 것 (1점) 하루에 마시는 물의 양 : ☐ L, 어제 마시고 남은 물의 양 : ☐ L,

오늘 마시고 남은 물의 양 : ☐ L

2단계 구하려는 것 (1점) ☐ 와 오늘 마신 ☐ 의 양을 각각 구하려고 합니다.

3단계 문제 해결 방법 (2점) 마신 물의 양은 처음 양에서 남은 양을 빼서 구합니다. 2 L에서 어제 마시고 남은 물의 양을 (더하고 , 빼고), 2 L에서 오늘 마시고 남은 물의 양을 (더합니다 , 뺍니다).

4단계 문제 풀이 과정 (3점) (어제 마신 물의 양) = ☐ − (어제 마시고 남은 물의 양)

= ☐ − ☐ = 1 ☐ − ☐ = ☐ (L)

(오늘 마신 물의 양) = ☐ − (오늘 마시고 남은 물의 양)

= ☐ − ☐ = 1 ☐ − ☐ = ☐ (L)

5단계 구하려는 답 (1점) 따라서 어제와 오늘 마신 물의 양은 각각 ☐ L, ☐ L입니다.

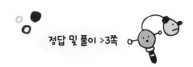

STEP 2 따라 풀어보기

진수는 아버지와 함께 꽃 담장을 만들고 있습니다. 각각 2 m의 꽃 담장을 만들기로 하였는데 지금까지 진수는 $\frac{5}{8}$ m를, 아버지는 $1\frac{3}{8}$ m를 만들었습니다. 두 사람이 앞으로 더 만들어야 할 꽃 담장의 길이는 각각 몇 m인지 풀이 과정을 쓰고, 답을 구하세요. 9점

1단계 **알고 있는 것** 1점 각각 2 m의 꽃 담장을 만드는데 진수는 ☐ m를, 아버지는

☐ m를 만들었습니다.

2단계 **구하려는 것** 1점 진수와 아버지가 각각 더 만들어야 할 꽃 ☐ 의 길이를 구하려고

합니다.

3단계 **문제 해결 방법** 2점 ☐ m에서 진수와 아버지가 지금까지 만든 길이를 각각 (더합니다 ,

뺍니다).

4단계 **문제 풀이 과정** 3점 (진수가 더 만들어야 할 꽃 담장의 길이)

= 2 − (진수가 만든 꽃 담장의 길이)

☐ − ☐ = 1 ☐ − ☐ = ☐ (m)

(아버지가 더 만들어야 할 꽃 담장의 길이)

= 2 − (아버지가 만든 꽃 담장의 길이)

☐ − ☐ = 1 ☐ − ☐ = ☐ (m)

5단계 **구하려는 답** 2점

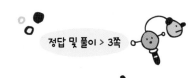

STEP 3 스스로 풀어보기 ☆

1. 3장의 수 카드 중에서 2장을 뽑아 □ 안에 써넣어 계산 결과가 가장 작은 뺄셈식을 만들어 차를 구하려고 합니다. 풀이 과정을 쓰고, 답을 구하세요. 10점

$$\boxed{3}\ \boxed{5}\ \boxed{7} \rightarrow 9 - \square\frac{\square}{8}$$

풀이

계산 결과가 가장 작으려면 빼는 수가 가장 커야 합니다. $7 > 5 > 3$이므로 자연수 부분에는

가장 큰 수 ☐ 을(를), 분자에는 두 번째로 큰 수인 ☐ 을(를) 써넣어야 합니다. $9 - \boxed{}$

$= 8\dfrac{\square}{8} - \boxed{} = \boxed{}$ 이므로 계산 결과가 가장 작은 뺄셈식의 차는 ☐ 입니다.

답 _____

---

2. 4장의 수 카드 중에서 2장을 뽑아 ○ 안에 써넣어 계산 결과가 가장 큰 뺄셈식을 만들어 차를 구하려고 합니다. 풀이 과정을 쓰고, 답을 구하세요. 15점

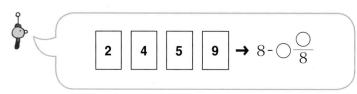

$$\boxed{2}\ \boxed{4}\ \boxed{5}\ \boxed{9} \rightarrow 8 - \bigcirc\frac{\bigcirc}{8}$$

풀이

답 _____

☆ (대분수)-(대분수)

정답 및 풀이 ▶ 4쪽

STEP 1 대표 문제 맛보기

기훈이는 색종이로 장미꽃을 만들고 있습니다. 장미꽃 1개를 만드는 데 $2\frac{7}{9}$장이 필요하다면, 색종이 $6\frac{4}{9}$장으로 장미꽃을 몇 개까지 만들 수 있는지 풀이 과정을 쓰고, 답을 구하세요. [8점]

1단계 알고 있는 것 [1점] 전체 색종이 수 : ☐ 장

장미꽃 1개를 만드는 데 필요한 색종이 수 : ☐ 장

2단계 구하려는 것 [1점] 색종이 ☐ 장으로 장미꽃을 몇 개까지 만들 수 있는지 구하려고 합니다.

3단계 문제 해결 방법 [2점] 전체 색종이 수에서 ☐ 을 뺄 수 있을 때까지 뺍니다.

4단계 문제 풀이 과정 [3점] (장미꽃 1개를 만들고 남은 색종이 수) = (전체 색종이 수) − ☐

$= 6\frac{4}{9} - \boxed{} = 5\frac{\boxed{}}{9} - \boxed{} = \boxed{}$ (장)

$\boxed{} > 2\frac{7}{9}$ 이므로 장미꽃 1개를 더 만들 수 있습니다.

$3\frac{6}{9} - \boxed{} = 2\frac{\boxed{}}{9} - \boxed{} = \frac{8}{9}$ (장)입니다.

$\boxed{} < 2\frac{7}{9}$ 이므로 장미꽃을 더 만들 수 없습니다.

5단계 구하려는 답 [1점] 따라서 장미꽃은 ☐ 개까지 만들 수 있습니다.

슬기네 가족은 매달 $21\frac{3}{4}$ kg의 쌀을 먹습니다. 슬기네 가족이 쌀 $60\frac{1}{4}$ kg으로 몇 달을 먹을 수 있는지 풀이 과정을 쓰고, 답을 구하세요. (단, $21\frac{3}{4}$ kg이 안 되는 양은 다음 달에 먹지 않고 남겨 두어야 합니다.) (9점)

1단계 알고 있는 것 (1점)

매달 먹는 쌀의 양 ☐ kg, 전체 쌀의 양 ☐ kg

2단계 구하려는 것 (1점)

쌀 ☐ kg으로 몇 달을 먹을 수 있는지 구하려고 합니다.

3단계 문제 해결 방법 (2점)

전체 쌀의 양에서 ☐ (kg)을 뺄 수 있을 때까지 뺍니다.

4단계 문제 풀이 과정 (3점)

(한 달 후 남은 쌀의 양) = (전체 쌀의 양) − ☐

= ☐ − ☐ = ☐ − ☐ = ☐ (kg)

☐ > ☐ 이므로 쌀을 한 달 더 먹을 수 있습니다.

☐ − ☐ = ☐ − ☐

= ☐ (kg)입니다. ☐ < ☐ 이므로

남은 양으로는 한 달 더 먹을 수 없습니다.

5단계 구하려는 답 (2점)

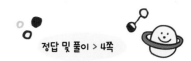

STEP 3

1. $3\frac{1}{5}-1\frac{2}{5}$ 를 서로 다른 2가지 방법으로 계산하려 합니다. 풀이 과정을 쓰고, 답을 구하세요. [10점]

 풀이

방법 1) 자연수 부분의 1을 받아내림하여 계산합니다.

$$3\frac{1}{5}-1\frac{2}{5}=2\boxed{}-1\frac{2}{5}=\boxed{}$$

방법 2) 대분수를 가분수로 바꾸어 계산합니다.

$$3\frac{1}{5}-1\frac{2}{5}=\boxed{}-\boxed{}=\boxed{}=\boxed{}$$

답 _____

2. $4\frac{3}{8}-1\frac{7}{8}$ 를 서로 다른 2가지 방법으로 계산하려 합니다. 풀이 과정을 쓰고, 답을 구하세요. [15점]

풀이

방법 1)

방법 2)

답 _____

1

〈가〉=가+$\frac{4}{15}$ 입니다. 〈$\frac{7}{15}$〉+〈$1\frac{13}{15}$〉의 값은 얼마인지 풀이 과정을 쓰고, 답을 구하세요. （20점）

풀이

답

2

식탁 위에 $5\frac{3}{7}$ kg의 밀가루가 있습니다. 빵 한 개를 만드는 데 $2\frac{4}{7}$ kg의 밀가루가 사용된다면 밀가루를 남김없이 사용하여 빵을 만들 때 적어도 몇 kg의 밀가루가 더 필요한지 풀이 과정을 쓰고, 답을 구하세요. （20점）

풀이

답

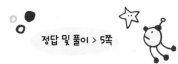

 3

토끼와 거북이는 1시간 동안 누가 더 멀리 가는지 경주를 하기로 했습니다. 토끼는 10분 동안 전속력으로 달려 $3333\frac{1}{3}$ m를 간 후 시원한 그늘에서 쉬었습니다. 거북이는 비록 지더라도 끝까지 최선을 다하기로 하고 10분에 $555\frac{2}{3}$ m씩 열심히 갔습니다. 경주에서 누가 몇 m 더 멀리 갔는지 풀이 과정을 쓰고, 답을 구하세요. (25점)

풀이

답 _____

힌트로 해결 끝!

토끼와 거북이가 1시간 동안 간 거리를 구해서 비교하기

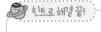 **4**

아린이는 달콤 쌉쌀한 맛의 자몽 주스를 만들어 친구 3명과 나누어 마시려 합니다. 자몽 주스에 들어가는 재료는 꿀 $\frac{2}{5}$ 컵, 자몽즙 $\frac{4}{5}$ 컵, 탄산수 $2\frac{4}{5}$ 컵입니다. 한 사람이 마실 수 있는 양은 몇 컵인지 풀이 과정을 쓰고, 답을 구하세요. (단, 한 사람이 마시는 양은 모두 같습니다.) (15점)

풀이

힌트로 해결 끝!

전체 양을 구한 후 한 사람이 마시는 양 구하기

답 _____

거꾸로 풀며 나만의 문제를 완성해 보세요.

모를 때 찍어봐!

정답 및 풀이 > 6쪽

다음은 주어진 수와 낱말, 조건을 활용해서 만든 어떤 문제를 보고 풀이 과정과 답을 구한 것 입니다. 어떤 문제였을까요? 거꾸로 문제 만들기, 도전해 볼까요? 15점

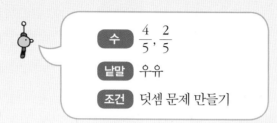

수 $\frac{4}{5}$, $\frac{2}{5}$

낱말 우유

조건 덧셈 문제 만들기

★힌트★
마신 우유 전체 양을 구하는 문제를 만들어요.

문제

풀이

하루 동안 마신 우유의 양은 오전과 오후에 마신 양을 더합니다.

따라서 (하루 동안 마신 우유의 양)=(오전에 마신 양)+(오후에 마신 양)

$=\frac{4}{5}+\frac{2}{5}=\frac{6}{5}=1\frac{1}{5}$(L)입니다.

답 $1\frac{1}{5}$ L

2. 삼각형

 이등변삼각형

STEP 1 대표 문제 맛보기

주어진 이등변삼각형에서 ㉠과 ㉡의 각도를 구하는
풀이 과정을 쓰고, 답을 구하세요. (8점)

1단계 알고 있는 것 (1점)　　□ 삼각형의 한 각의 크기가 □ 입니다.

2단계 구하려는 것 (1점)　　□ 과 ㉡의 □ 를 구하려고 합니다.

3단계 문제 해결 방법 (2점)　　먼저, □ 삼각형의 성질을 이용하여 ㉡의 각도를 구하고,

삼각형 세 각의 크기의 합이 □ 임을 이용하여 ㉠을 구해서

해결합니다.

4단계 문제 풀이 과정 (3점)　　□ 삼각형은 길이가 같은 두 변에 있는 두 □ 의 크기가

같으므로 ㉡ = □ 입니다. ㉠ + ㉡ + 25° = □ ,

㉠ + □ + 25° = □ , ㉠ = □ 입니다.

5단계 구하려는 답 (1점)　　따라서 ㉠ = □ , ㉡ = □ 입니다.

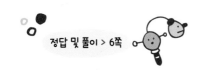
STEP 2 따라 풀어보기

주어진 삼각형은 이등변삼각형입니다. ㉠의 각도를
구하는 풀이 과정을 쓰고, 답을 구하세요. 9점

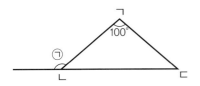

1단계 알고 있는 것 1점
이등변삼각형의 한 각의 크기가 ☐ 입니다.

2단계 구하려는 것 1점
㉠의 ☐ 를 구하려고 합니다.

3단계 문제 해결 방법 2점
이등변삼각형의 성질을 이용하여 각 (ㄱㄴㄷ , ㄱㄷㄴ)을 구한 후

직선이 이루는 각도는 ☐ 임을 이용하여 ㉠의 각도를 구합니다.

4단계 문제 풀이 과정 3점
(각 ㄱㄴㄷ) + (각 ㄱㄷㄴ) = ☐ − ☐ = ☐ 입니다.

삼각형 ㄱㄴㄷ이 이등변삼각형이므로

(각 ㄱㄴㄷ) = (각 ㄱㄷㄴ) = ☐ ÷ 2 = ☐ 입니다.

직선이 이루는 각도는 ☐ 이므로 ㉠ + (각 ㄱㄴㄷ)

= ☐ 이고, ㉠ = ☐ − ☐ = ☐ 입니다.

5단계 구하려는 답 2점

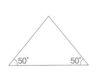

🖈 이등변삼각형

☆ 이등변삼각형은 두 변의 길이가 같은 삼각형입니다.
☆ 이등변삼각형은 길이가 같은 두 변에 있는 두 각의 크기가 같습니다.

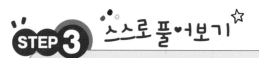

STEP 3 스스로 풀어보기

1. 삼각형 ㄱㄴㄷ은 이등변삼각형입니다. 삼각형의 세 변의 길이의 합은 몇 cm인지 풀이 과정을 쓰고, 답을 구하세요. (10점)

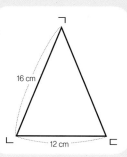

풀이

삼각형 ㄱㄴㄷ은 ☐ 삼각형이므로 (변 ㄱㄷ)=(변 ☐)= ☐ (cm)입니다.

따라서 삼각형 ㄱㄴㄷ의 세 변의 길이의 합은

(변 ㄱㄴ) + (변 ㄴㄷ) + (변 ㄱㄷ) = 16 + 12 + ☐ = ☐ (cm)입니다.

답 _____

2. 삼각형 ㄱㄴㄷ은 이등변삼각형입니다. 세 변의 길이의 합이 22 cm일 때 변 ㄱㄷ의 길이는 몇 cm인지 풀이 과정을 쓰고, 답을 구하세요. (15점)

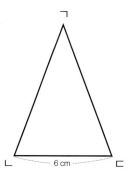

풀이

_____

_____

_____

답 _____

☆ 정삼각형

정답 및 풀이 > 7쪽

STEP 1 대표 문제 맛보기

삼각형 ㄱㄴㄷ의 세 변의 길이의 합은 몇 cm인지 풀이 과정을 쓰고, 답을 구하세요. (8점)

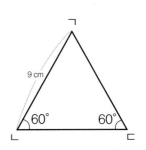

1단계 알고 있는 것 (1점)

변 ㄱㄴ의 길이 : ☐ cm

각 ㄱㄴㄷ과 각 ㄱㄷㄴ의 크기 : ☐°

2단계 문제 해결 방법 (1점)

세 변의 길이의 (합 , 차)을(를) 구하려고 합니다.

3단계 문제 풀이 과정 (2점)

각 ☐ 의 크기를 구하여 삼각형 ㄱㄴㄷ이 어떤 삼각형인지 알아 봅니다.

4단계 문제 풀이 과정 (3점)

삼각형의 세 각의 크기의 합이 ☐ 이므로 (각 ㄴㄱㄷ)

= ☐ − 60° − 60° = ☐ 입니다. 세 각의 크기가 모두 같으 므로 삼각형 ㄱㄴㄷ은 (이등변삼각형 , 정삼각형)입니다.

(이등변삼각형 , 정삼각형)은 세 변의 길이가 같으므로

(삼각형 세 변의 길이의 합) = 9 + ☐ + ☐ = ☐ (cm)입니다.

5단계 구하려는 답 (1점)

따라서 삼각형 ㄱㄴㄷ의 세 변의 길이의 합은 ☐ cm입니다.

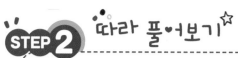
삼각형 ㄱㄴㄷ은 정삼각형입니다. ★의 각도를 구하는 풀이 과정을 쓰고, 답을 구하세요. (9점)

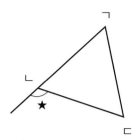

1단계 알고 있는 것 (1점)

삼각형 ㄱㄴㄷ은 (이등변삼각형 , 정삼각형)입니다.

2단계 구하려는 것 (1점)

★의 ☐ 를 구하려고 합니다.

3단계 문제 해결 방법 (2점)

먼저, 정삼각형은 세 ☐ 의 크기가 같음을 이용하여 각 ㄱㄴㄷ의

크기를 구한 후 직선이 이루는 각도는 ☐ 임을 이용하여 해결

합니다.

4단계 문제 풀이 과정 (3점)

삼각형 ㄱㄴㄷ은 ☐ 이므로 세 각의 크기가 같고

한 각의 크기는 ☐ 입니다.

(각 ㄱㄴㄷ)= ☐ 이고, 직선이 이루는 각도는 ☐ 이므로

★ + (각 ㄱㄴㄷ)= ☐ , ★ = ☐ − (각 ㄱㄴㄷ)

= ☐ − ☐ = ☐ 입니다.

5단계 구하려는 답 (2점)

123

🔖 **정삼각형**

이것만 알면 문제 해결 OK!

☆ 정삼각형은 세 변의 길이가 모두 같고 세 각의 크기가 모두 60°로 같습니다.

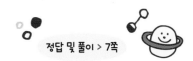

STEP 3 스스로 풀어보기

유형 ②

1. 길이가 243 cm인 철사를 남기거나 겹치는 부분 없이 사용하여 크기가 같은 정삼각형 3개를 만들었습니다. 만든 정삼각형의 한 변의 길이가 몇 cm인지 풀이 과정을 쓰고, 답을 구하세요. 10점

풀이

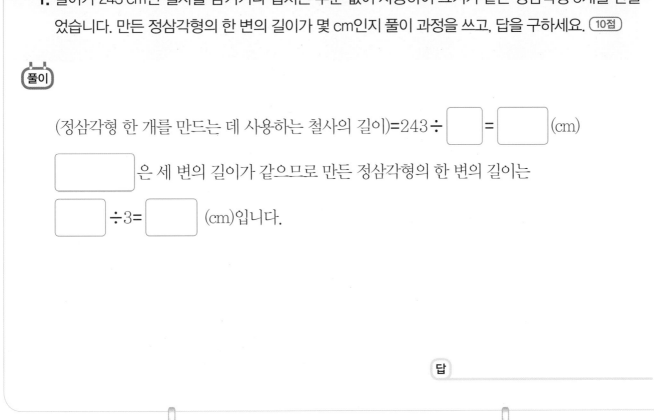

(정삼각형 한 개를 만드는 데 사용하는 철사의 길이)=243÷ ☐ = ☐ (cm)

☐ 은 세 변의 길이가 같으므로 만든 정삼각형의 한 변의 길이는

☐ ÷3= ☐ (cm)입니다.

답 _____

2. 한 변의 길이가 3 cm인 정사각형과 둘레가 같은 정삼각형 한 개를 만들었습니다. 이 정삼각형의 한 변의 길이가 몇 cm인지 풀이 과정을 쓰고, 답을 구하세요. 15점

풀이

답 _____

 예각삼각형, 둔각삼각형

정답 및 풀이 > 7쪽

STEP 1 대표 문제 맛보기

삼각형의 세 각 중에서 두 각의 크기를 나타낸 것입니다. 예각삼각형을 찾아 기호를 모두 쓰려고 합니다. 풀이 과정을 쓰고, 답을 구하세요. (8점)

ㄱ 40°, 65°   ㄴ 44°, 36°   ㄷ 35°, 55°   ㄹ 70°, 52°

1단계 알고 있는 것 (1점) 삼각형의 세 각 중에서 [　] 각의 크기를 알고 있습니다.

ㄱ 40°, [　]°, ㄴ [　]°, 36°, ㄷ 35°, [　]°, ㄹ [　]°, 52°

2단계 구하려는 것 (1점) (예각삼각형 , 둔각삼각형)을 모두 찾으려고 합니다.

3단계 문제 해결 방법 (2점) 나머지 한 각의 크기를 구하여 세 각이 모두 (예각 , 둔각)인 삼각형을 찾습니다.

4단계 문제 풀이 과정 (3점) 세 각이 모두 예각인 삼각형을 예각삼각형이라고 합니다.

(ㄱ의 나머지 한 각의 크기)

$= 180° - 40° -$ [　] $=$ [　] → (40°, 65°, [　])

(ㄴ의 나머지 한 각의 크기)

$= 180° - 44° -$ [　] $=$ [　] → (44°, 36°, [　])

(ㄷ의 나머지 한 각의 크기)

$= 180° - 35° -$ [　] $=$ [　] → (35°, 55°, [　])

(ㄹ의 나머지 한 각의 크기)

$= 180° - 70° -$ [　] $=$ [　] → (70°, 52°, [　])

5단계 구하려는 답 (1점) 따라서 예각삼각형은 [　] 과 [　] 입니다.

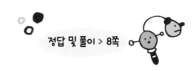

STEP 2 따라 풀어보기☆

삼각형의 세 각 중 두 각의 크기가 다음과 같을 때 둔각삼각형을 모두 찾아 기호를 모두 쓰려고 합니다. 풀이 과정을 쓰고, 답을 구하세요. 9점

ㄱ 45°, 35° ㄴ 50°, 40° ㄷ 65°, 15° ㄹ 50°, 50°

1단계 **알고 있는 것** 1점

삼각형의 세 각 중에서 [ ] 각의 크기를 알고 있습니다.

ㄱ 45°, [ ]°, ㄴ [ ]°, 40°, ㄷ 65°, [ ]°, ㄹ [ ]°, 50°

2단계 **구하려는 것** 1점

(예각삼각형 , 둔각삼각형)을 모두 찾으려고 합니다.

3단계 **문제 해결 방법** 2점

나머지 한 각의 크기를 구하여 세 각 중 한 각이 (예각 , 둔각)인 삼각형을 찾습니다.

4단계 **문제 풀이 과정** 3점

한 각이 둔각인 삼각형을 둔각삼각형이라고 합니다.

(ㄱ의 나머지 한 각의 크기)

$= 180° - 45° -$ [ ] $=$ [ ] $→ (45°, 35°,$ [ ] $)$

(ㄴ의 나머지 한 각의 크기)

$= 180° - 50° -$ [ ] $=$ [ ] $→ (50°, 40°,$ [ ] $)$

(ㄷ의 나머지 한 각의 크기)

$= 180° - 65° -$ [ ] $=$ [ ] $→ (65°, 15°,$ [ ] $)$

(ㄹ의 나머지 한 각의 크기)

$= 180° - 50° -$ [ ] $=$ [ ] $→ (50°, 50°,$ [ ] $)$

5단계 **구하려는 답** 2점

STEP 3 스스로 풀어보기

1. 그림에서 찾을 수 있는 크고 작은 예각삼각형은 모두 몇 개인지 풀이 과정을 쓰고, 답을 구하세요. (10점)

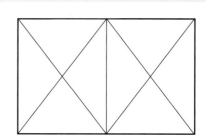

풀이

삼각형 1개로 만들어진 예각삼각형 : ②, ④, ☐, ☐ → ☐ 개

삼각형 4개로 만들어진 예각삼각형 : ② + ③ + ⑤ + ☐,

④ + ③ + ☐ + ☐ → ☐ (개)

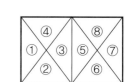

따라서 크고 작은 예각삼각형은 모두 ☐ + ☐ = ☐ (개)입니다.

답 _____

2. 그림에서 찾을 수 있는 크고 작은 둔각삼각형은 모두 몇 개인지 풀이 과정을 쓰고, 답을 구하세요. (15점)

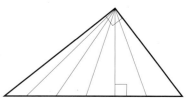

풀이

답 _____

STEP 1 대표 문제 맛보기

다음 삼각형 중에서 이등변삼각형이면서 예각삼각형인 것과 이등변삼각형이면서 둔각 삼각형인 것을 찾아 기호로 쓰려고 합니다. 풀이 과정을 쓰고, 답을 구하세요. (8점)

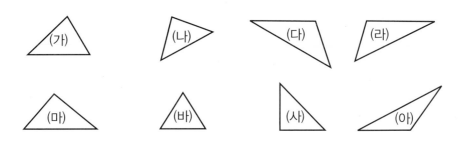

1단계 알고 있는 것 (1점)

삼각형 ☐ , (나), (다), (라), ☐ , (바), (사), ☐ 가 주어져 있습니다.

2단계 구하려는 것 (1점)

이등변삼각형이면서 ☐ 삼각형인 것과 이등변삼각형이면서 둔각삼각형인 것을 찾아 ☐ 로 쓰려고 합니다.

3단계 문제 해결 방법 (2점)

☐ 삼각형인 것을 찾고, ☐ 삼각형인 것과 둔각삼각형인 것으로 분류합니다.

4단계 문제 풀이 과정 (3점)

두 변의 길이가 같은 이등변삼각형 : ☐ , ☐ , ☐ , ☐

이등변삼각형 중 예각삼각형인 것 : ☐ , ☐

이등변삼각형 중 둔각삼각형인 것 : ☐

5단계 구하려는 답 (1점)

따라서 이등변삼각형이면서 예각삼각형인 것은 ☐ , ☐ 이고 이등변삼각형이면서 둔각삼각형인 것은 ☐ 입니다.

삼각형의 일부가 지워졌습니다. 이 삼각형의 이름으로 알맞은 것을 모두 구하려고 합니다. 풀이 과정을 쓰고, 답을 구하세요. (9점)

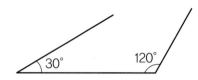

이등변삼각형, 정삼각형, 예각삼각형, 직각삼각형, 둔각삼각형

1단계 알고 있는 것 (1점)   삼각형의 두 각의 크기 : ☐ , ☐

2단계 구하려는 것 (1점)   삼각형의 ☐ 으로 알맞은 것을 모두 구하려고 합니다.

3단계 문제 해결 방법 (2점)   삼각형의 나머지 한 ☐ 의 크기를 구합니다.

4단계 문제 풀이 과정 (3점)   (삼각형의 나머지 한 각의 크기)=$180° -$ ☐ $-120° =$ ☐ 입니다. 삼각형의 세 각의 크기가 ☐ , 30°, 120°이므로 두 각의 크기가 같은 (이등변삼각형 , 정삼각형)입니다. 또, 세 각 중 한 각이 둔각이므로 (예각삼각형 , 둔각삼각형)입니다.

5단계 구하려는 답 (2점)

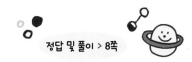

STEP 3 스스로 풀어보기 ☆

유형❹

1. 다음 삼각형 중 예각삼각형을 찾아 기호로 쓰려고 합니다. 풀이 과정을 쓰고, 답을 구하세요. (10점)

ㄱ
ㄴ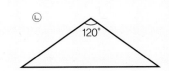
ㄷ

풀이

예각삼각형은 세 각이 모두 예각이어야 합니다.

ㄱ $180° -$ ⬜ $-$ ⬜ $=$ ⬜ ➡ 정삼각형, (예각 , 둔각)삼각형

ㄴ $120°$는 예각이 아니므로 ㄴ은 예각삼각형이 아닙니다.

ㄷ $180° - 30° -$ ⬜ $=$ ⬜ ➡ 이등변삼각형, (예각 , 둔각)삼각형

따라서 예각삼각형은 ⬜ , ⬜ 입니다.

답 _____

2. 다음 삼각형 중 둔각삼각형을 찾아 기호로 쓰려고 합니다. 풀이 과정을 쓰고, 답을 구하세요. (15점)

ㄱ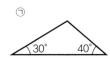
ㄴ
ㄷ

풀이

답 _____

1

오른쪽 도형은 정삼각형 ㉠, 정사각형 ㉡, 이등변삼각형 ㉢을 겹치지 않게 이어 붙여 만든 것입니다. 정삼각형 ㉠의 둘레는 36 cm, 이어 붙여 만든 도형 ㉠+㉡+㉢의 바깥쪽 둘레는 66 cm일 때, 이등변삼각형 ㉢의 둘레를 몇 cm인지 구하려고 합니다. 풀이 과정을 쓰고, 답을 구하세요. (20점)

(정삼각형의 한 변의 길이)
=(정사각형의 한 변의 길이)

도형의 바깥쪽 둘레에 있는 길이가 같은 변의 수를 확인해요.

풀이

답

2

오른쪽 그림에서 삼각형 ㄱㄷㅂ은 정삼각형이고, 삼각형 ㄷㅁㅂ은 이등변삼각형입니다. 각 ㄱㄷㄴ의 크기는 몇 도인지 풀이 과정을 쓰고, 답을 구하세요. (20점)

정삼각형은 세 각의 크기가 모두 60°이에요.

30°

일직선이 이루는 각도는 180°이에요.

풀이

답

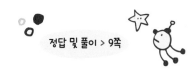

③ 창의융합

힌트로 해결 끝!

뒤집거나 돌렸을 때 같은
모양은 한 가지로 생각해요.

다음은 같은 크기의 정삼각형을 개수를 달리하여 변끼리 이어 붙여 만든 모양입니다. 정삼각형 한 변의 길이가 3 cm일 때 정삼각형 4개로 만들 수 있는 모양의 둘레는 몇 cm인지 풀이 과정을 쓰고, 답을 구하세요. 20점

정삼각형의 수(개)	1	2	3
모양	△	◇	◁▷

풀이

답

④ 생활수학

힌트로 해결 끝!

종이를 접은 것을 펼쳤을 때
겹치는 각의 크기는 같아요.

오른쪽 그림은 정사각형 모양의 종이를 접은 것입니다. 각 ㄱㄴㅂ의 크기는 몇 도인지 풀이 과정을 쓰고, 답을 구하세요. 20점

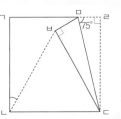

풀이

답

거꾸로 풀며 나만의 문제를 완성해 보세요.

정답 및 풀이 > 10쪽

다음은 주어진 길이와 낱말, 조건을 활용해서 만든 어떤 문제를 보고 풀이 과정과 답을 구한 것입니다. 어떤 문제였을까요? 거꾸로 문제 만들기, 도전해 볼까요? 15점

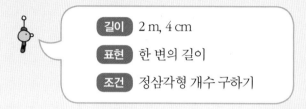

길이	2 m, 4 cm
표현	한 변의 길이
조건	정삼각형 개수 구하기

★ 힌트 ★
한 변의 길이가 4 cm인 정삼각형을 몇 개까지 만들 수 있는지 구해요.

문제

풀이

한 변의 길이가 4 cm인 정삼각형의 둘레는 4×3=12 (cm)이므로 정삼각형 한 개를 만드는 데 쓰이는 철사의 길이는 12 (cm)입니다. 2 m=200 cm이고 200÷12=16…8이므로 정삼각형을 16개까지 만들 수 있습니다.

답 ___16개___

3. 소수의 덧셈과 뺄셈

STEP 1 대표 문제 맛보기

다음 중 옳지 않은 것을 찾아 기호로 나타내려고 합니다. 풀이 과정을 쓰고, 답을 구하세요. (8점)

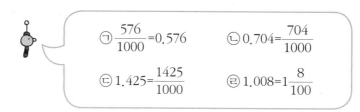

㉠ $\dfrac{576}{1000}=0.576$ ㉡ $0.704=\dfrac{704}{1000}$

㉢ $1.425=\dfrac{1425}{1000}$ ㉣ $1.008=1\dfrac{8}{100}$

1단계 **알고 있는 것** (1점)

㉠ $\dfrac{\boxed{}}{1000}=0.576$ ㉡ $0.704=\dfrac{\boxed{}}{1000}$

㉢ $1.425=\dfrac{1425}{\boxed{}}$ ㉣ $1.008=1\dfrac{8}{\boxed{}}$

2단계 **구하려는 것** (1점)

㉠, ㉡, ㉢, ㉣ 중 (옳은 , 옳지 않은) 것을 찾아 기호로 나타내고 합니다.

3단계 **문제 해결 방법** (2점)

분모가 $\boxed{}$ 인 분수는 소수 세 자리 수로 나타내고,

소수 $\boxed{}$ 자리 수는 분모가 1000인 분수로 나타냅니다.

4단계 **문제 풀이 과정** (3점)

㉣ $1.008=1\dfrac{8}{100}$ 에서 1.008은 소수 $\boxed{}$ 자리 수이므로 분모가

$\boxed{}$ 인 분수로 나타내면 $1.008=1\dfrac{8}{\boxed{}}$ 이어야 합니다.

5단계 **구하려는 답** (1점)

따라서 옳지 않은 것은 $\boxed{}$ 입니다.

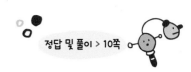

STEP 2 따라 풀어보기

다음 중 옳은 것을 찾아 기호로 나타내려고 합니다. 풀이 과정을 쓰고, 답을 구하세요. 9점

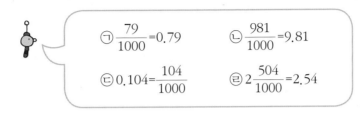

㉠ $\dfrac{79}{1000}$ = 0.79　　㉡ $\dfrac{981}{1000}$ = 9.81

㉢ 0.104 = $\dfrac{104}{1000}$　　㉣ 2$\dfrac{504}{1000}$ = 2.54

1단계 알고 있는 것　1점

㉠ $\dfrac{\boxed{}}{1000}$ = 0.79　　㉡ $\dfrac{\boxed{}}{1000}$ = 9.81

㉢ 0.104 = $\dfrac{\boxed{}}{1000}$　　㉣ 2$\dfrac{504}{\boxed{}}$ = 2.54

2단계 구하려는 것　1점

㉠, ㉡, ㉢, ㉣ 중 (옳은 , 옳지 않은) 것을 찾아 기호로 나타내고 합니다.

3단계 문제 해결 방법　2점

분모가 $\boxed{}$ 인 분수는 소수 세 자리 수로 나타내고, 소수

$\boxed{}$ 자리 수는 분모가 1000인 분수로 나타냅니다.

4단계 문제 풀이 과정　3점

분모 1000인 분수는 소수 $\boxed{}$ 자리 수로 나타내고 소수 세 자리 수는

분모가 $\boxed{}$ 인 분수로 나타내야 하므로 $\boxed{}$, ㉡, $\boxed{}$ 은

옳지 않습니다. ㉠ $\dfrac{79}{1000}$ = $\boxed{}$, ㉡ $\dfrac{981}{1000}$ = $\boxed{}$,

㉣ 2$\dfrac{504}{1000}$ = $\boxed{}$ 로 나타내야 합니다.

5단계 구하려는 답　2점

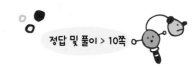

STEP 3 스스로 풀어보기 ☆

유형①

1. 조건을 만족하는 소수를 쓰고 읽으려고 합니다. 풀이 과정을 쓰고, 답을 구하세요. [10점]

> ㉠ 소수 세 자리입니다.
> ㉡ 4보다 크고 5보다 작습니다.
> ㉢ 소수 첫째 자리 숫자는 소수 셋째 자리 숫자의 2배입니다.
> ㉣ 일의 자리 숫자와 소수 첫째 자리 숫자의 합은 10입니다.
> ㉤ 소수 둘째 자리 숫자와 소수 셋째 자리 숫자의 합은 10입니다.

풀이

㉡에서 일의 자리 숫자는 ☐, ㉣에서 소수 첫째 자리 숫자는 10 - ☐ = ☐,

㉢에서 소수 셋째 자리 숫자는 ☐ ÷ 2 = ☐, ㉤에서 소수 둘째 자리 숫자는 10 - ☐

= ☐ 이므로 조건을 모두 만족하는 소수는 ㉠으로 소수 세 자리 수인 ☐ 이고

☐ 이라고 읽습니다.

답 _____

2. 조건을 만족하는 소수 세 자리 수를 구하는 풀이 과정을 쓰고, 답을 구하세요. [15점]

> ㉠ 5보다 크고 6보다 작습니다.
> ㉡ 소수 첫째 자리 숫자는 소수 둘째 자리 숫자의 2배입니다.
> ㉢ 소수 첫째 자리 숫자와 소수 셋째 자리 숫자가 같습니다.
> ㉣ 각 자리 숫자의 합은 10입니다.

풀이

_____

_____

_____

답 _____

STEP 1 대표 문제 맛보기

수지네 집에서부터 학교, 도서관, 놀이터까지의 거리를 알아보았습니다. 집에서 가까운 곳부터 순서대로 나타내려고 합니다. 풀이 과정을 쓰고, 답을 구하세요. (8점)

집~학교	0.507 km
집~도서관	1.817 km
집~놀이터	0.234 km

1단계 알고 있는 것 (1점)

집에서 학교까지의 거리 : ☐ km

집에서 도서관까지의 거리 : ☐ km

집에서 놀이터까지의 거리 : ☐ km

2단계 구하려는 것 (1점)

학교, 도서관, 놀이터 중 집에서 (가까운 , 먼) 곳부터 순서대로 나타내려고 합니다.

3단계 문제 해결 방법 (2점)

세 수의 크기를 비교합니다. ☐ 부분부터 비교하고, 자연수 부분이 같으면 소수 ☐ 자리부터 차례로 (같은 , 다른) 자리 수끼리 비교합니다.

4단계 문제 풀이 과정 (3점)

☐ 의 자리 수를 비교하면 1>0이므로 ☐ 이 가장 큽니다. 0.507과 0.234의 소수 ☐ 자리 수를 비교하면

5>2이므로 ☐ > ☐ 입니다. 세 수를 비교하면

☐ > ☐ > ☐ 입니다.

5단계 구하려는 답 (1점)

따라서 집에서 가까운 곳부터 쓰면 ☐ , ☐ , ☐ 입니다.

지연이가 마신 우유는 2.08 L이고 민정이가 마신 우유는 2.074 L, 성현이가 마신 우유는 1.998 L입니다. 우유를 많이 마신 사람부터 이름을 쓰려고 합니다. 풀이 과정을 쓰고, 답을 구하세요. (9점)

1단계 알고 있는 것 (1점)

지연이가 마신 우유의 양 : ☐ L

민정이가 마신 우유의 양 : ☐ L

성현이가 마신 우유의 양 : ☐ L

2단계 구하려는 것 (1점)

우유를 (많이 , 적게) 마신 사람부터 이름을 쓰려고 합니다.

3단계 문제 해결 방법 (2점)

세 수의 크기를 비교합니다. ☐ 부분부터 비교하고, 자연수 부분이 같으면 소수 ☐ 자리부터 차례로 (같은 , 다른) 자리 수끼리 비교합니다.

4단계 문제 풀이 과정 (3점)

일의 자리 수를 비교하면 ☐ > ☐ 이므로 ☐ 이 가장 작습니다. 2.08과 2.074의 소수 둘째 자리 수를 비교하면

☐ > ☐ 이므로 ☐ > ☐ 입니다.

세 수를 비교하면 ☐ > ☐ > ☐ 입니다.

5단계 구하려는 답 (2점)

 STEP 3 스스로 풀어보기

1. 0부터 9까지의 수 중에서 □ 안에 들어갈 수 있는 수를 모두 구하는 풀이 과정을 쓰고, 답을 구하세요. (10점)

> 12.□7 > 12.58

풀이

십의 자리, 일의 자리 수까지 같으므로 소수 [ ] 자리 수를 비교하면 7< [ ] 이므로

□는 [ ] 보다 더 커야 합니다.

따라서 □ 안에 들어갈 수 있는 수는 [ ], [ ], [ ], [ ] 입니다.

답 _____

2. 0부터 9까지의 수 중에서 □ 안에 공통으로 들어갈 수 있는 수를 모두 구하세요. 풀이 과정을 쓰고, 답을 구하세요. (15점)

> ㉠ 123.□81 < 123.679
>
> ㉡ 34.6□7 > 34.618

풀이

답 _____

☆ 소수의 덧셈

정답 및 풀이 > 11쪽

STEP 1 대표 문제 맛보기

다음 중 가장 큰 수와 가장 작은 수의 합을 구하는 풀이 과정을 쓰고, 답을 구하세요. (8점)

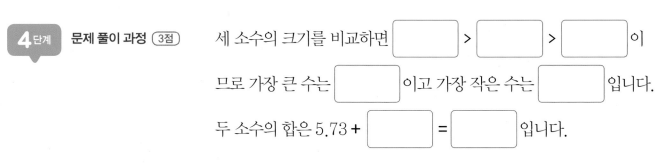

| 5.73 | 0.42 | 1.35 |

1단계 **알고 있는 것** (1점) 세 소수 : ☐, 0.42, ☐

2단계 **구하려는 것** (1점) 가장 큰 수와 가장 작은 수의 (합 , 차)을(를) 구하려고 합니다.

3단계 **문제 해결 방법** (2점) 소수의 크기를 비교하여 가장 ☐ 수와 가장 작은 수의

(합 , 차)을(를) 구합니다.

4단계 **문제 풀이 과정** (3점) 세 소수의 크기를 비교하면 ☐ > ☐ > ☐ 이

므로 가장 큰 수는 ☐ 이고 가장 작은 수는 ☐ 입니다.

두 소수의 합은 5.73 + ☐ = ☐ 입니다.

5단계 **구하려는 답** (1점) 따라서 가장 큰 수와 가장 작은 수의 합은 ☐ 입니다.

STEP 2 따라 풀어보기

우섭이와 지민이는 무선 조종 자동차 경주를 하였습니다. 지민이의 기록은 10.16초이고 우섭이는 지민이보다 2.67초 더 늦게 들어왔습니다. 우섭이의 기록은 몇 초인지 풀이 과정을 쓰고, 답을 구하세요. (9점)

1단계 알고 있는 것 (1점)

지민이의 기록 : ☐ 초에 들어왔습니다.

우섭이의 기록 : 지민이보다 ☐ 초 더 늦게 들어왔습니다.

2단계 구하려는 것 (1점)

☐ 이의 기록이 몇 초인지 구하려고 합니다.

3단계 문제 해결 방법 (2점)

지민이의 기록에 ☐ 초를 (더합니다 , 뺍니다).

4단계 문제 풀이 과정 (3점)

(우섭이의 기록) = (지민이의 기록) + ☐

= ☐ + ☐ = ☐ (초)

5단계 구하려는 답 (2점)

📌 소수의 덧셈 : 세로로 계산하기

이것만 알면 문제 해결 OK!

☆ 세로로 계산할 때 소수점끼리 맞추어 세로로 쓰기

☆ 자연수의 덧셈과 같이 같은 자리 수끼리 더하기

☆ 계산 결과에 소수점 찍기

```
      1
    0 . 2 8
  + 1 . 2 5
  ─────────
    1 . 5 3
```

STEP 3 스스로 풀어보기

유형 ❸

1. 수직선을 보고 ㉠+㉡의 값이 얼마인지 풀이 과정을 쓰고, 답을 구하세요. (10점)

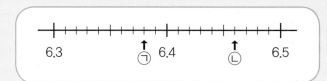

풀이

눈금 10칸이 0.1이므로 눈금 1칸은 [   ] 입니다. ㉠은 6.3에서 오른쪽으로

눈금 [ ]칸 간 수이므로 [   ]이고, ㉡은 6.4에서 오른쪽으로 눈금 [ ]칸 간 수이므로

[   ] 입니다. 따라서 ㉠+㉡= [   ] + [   ] = [   ] 입니다.

답 _____

2. 수직선을 보고 ㉠과 ㉡의 합이 얼마인지 풀이 과정을 쓰고, 답을 구하세요. (15점)

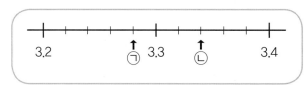

풀이

답 _____

STEP 1 대표 문제 맛보기

장대 높이뛰기 남자 세계 신기록이 6.16 m이고 남자 한국 신기록은 5.71 m입니다. 세계 신기록과 한국 신기록의 기록의 차를 구하려고 합니다. 풀이 과정을 쓰고, 답을 구하세요. (8점)

1단계 **알고 있는 것** (1점)

세계 신기록 : [　　　] m

한국 신기록 : [　　　] m

2단계 **구하려는 것** (1점)

세계 신기록과 한국 신기록의 (합 , 차)을(를) 구하려고 합니다.

3단계 **문제 해결 방법** (2점)

세계 신기록에서 한국 신기록을 (더합니다 , 뺍니다).

4단계 **문제 풀이 과정** (3점)

(세계 신기록과 한국 신기록의 기록의 차)

= (세계 신기록) − (한국 신기록)

= [　　　] − [　　　] = [　　　] (m)

5단계 **구하려는 답** (1점)

따라서 장대 높이뛰기 남자 세계 신기록과 한국 신기록의 기록의 차는

[　　　] m입니다.

영우는 찰흙 1.1 kg을 가지고 있었습니다. 이 중 미술시간에 인물상을 만드는 데 0.84 kg을 사용하였습니다. 영우가 사용하고 남은 찰흙은 몇 kg인지 풀이 과정을 쓰고, 답을 구하세요. (9점)

1단계 알고 있는 것 (1점)　　가지고 있는 찰흙 : ☐ kg　　사용한 찰흙 : ☐ kg

2단계 구하려는 것 (1점)　　영우가 사용하고 ☐ 찰흙은 몇 kg인지 구하려고 합니다.

3단계 문제 해결 방법 (2점)　　영우가 가지고 있던 찰흙의 양에서 사용한 양을 (더합니다 , 뺍니다).

4단계 문제 풀이 과정 (3점)　　(사용하고 남은 찰흙의 양) = (가지고 있던 찰흙의 양) − (사용한 양)

$$= \boxed{} - \boxed{} = \boxed{} \ (\text{kg})$$

5단계 구하려는 답 (2점)

📌 소수의 뺄셈 : 세로로 계산하기

✰ 세로로 계산할 때 소수점끼리 맞추어 세로로 쓰기

✰ 자연수의 뺄셈과 같이 같은 자리 수끼리 빼기

✰ 계산 결과에 소수점 찍기

```
        3    11  10
    4 .  2    1
-   1 .  9    5
    2 .  2    6
```

이것만 알면
문제 해결 OK!

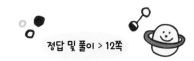

1. 카드를 한 번씩 모두 사용하여 만든 가장 큰 소수 두 자리 수와 가장 작은 소수 두 자리 수의 차는 얼마인지 풀이 과정을 쓰고, 답을 구하세요. (단, 소수점 오른쪽 끝에는 0이 오지 않습니다.) (10점)

| 0 | , | 1 | , | 6 | , | . |

 풀이

카드를 한 번씩 모두 사용하여 만들 수 있는 가장 큰 소수 두 자리 수는 ⬚ 이고, 가장

작은 소수 두 자리 수는 ⬚ 입니다.

따라서 두 수의 차는 ⬚ − ⬚ = ⬚ 입니다.

답 _____

2. 카드를 한 번씩 모두 사용하여 만든 가장 큰 소수와 가장 작은 소수의 차는 얼마인지 풀이 과정을 쓰고, 답을 구하세요. (단, 소수점 오른쪽 끝에는 0이 오지 않습니다.) (15점)

| 0 | , | 2 | , | 5 | , | . |

풀이

답 _____

스스로 문제를 풀어보며 실력을 높여보세요.

1 유형❶+❷

세로의 길이가 0.29 m이고 가로는 세로보다 0.07 m 더 짧은 직사각형 모양의 책이 있습니다. 이 책의 네 변을 따라 길이가 150 cm인 색 테이프를 겹치지 않게 이어 붙였습니다. 책에 붙이고 남은 색 테이프는 몇 m인지 풀이 과정을 쓰고, 답을 구하세요. 20점

풀이

힌트로 해결 끝!

책의 가로를 구하기

책의 둘레 구하기

답 _____

2 유형❸+❹

조건을 보고 ■에 알맞은 수를 구하세요. 풀이 과정을 쓰고, 답을 구하세요. 20점

- ●은 ▲보다 2.37 더 큰 수입니다.
- ■은 ●보다 4.7 더 작은 수입니다.
- ▲는 1이 4개, 0.1이 17개, 0.01이 28개인 수입니다.

풀이

힌트로 해결 끝!

무엇을 먼저 구할지 생각해요

▲→ ● →■

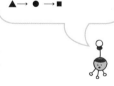

답 _____

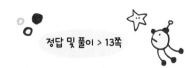

③

진이, 정연, 민호, 나연은 길이 1 m인 리본으로 꽃을 만들고 있습니다. 조건을 보고 남은 리본의 길이가 짧은 순서대로 이름을 쓰세요. 풀이 과정을 쓰고, 답을 구하세요. (20점)

> **조건** 1. 진이는 리본을 0.76 m 사용하였습니다.
> 2. 정연이는 리본이 0.38 m 남았습니다.
> 3. 민호는 진이보다 0.06 m 더 사용했습니다.
> 4. 나연이는 정연보다 0.05 m 덜 사용했습니다.

힌트로 해결 끝!
네 사람의 남은 리본의 길이를 구한 후 길이를 비교합니다.

풀이

답

---

④

콩쥐는 물이 들어 있는 물통에 물을 가득 채우려고 합니다. 3.73 L씩 3번 부은 후 물통을 보니 물통의 모서리가 깨져서 2.8 L의 물이 새어나가고 물통에 물이 21.38 L 남았습니다. 콩쥐가 속상해서 울고 있을 때 두꺼비가 나타나 깨진 부분을 몸으로 막아주어 물통에 물을 가득 채울 수 있었습니다. 처음 물통에 들어 있던 물은 몇 L인지 풀이 과정을 쓰고, 답을 구하세요. (20점)

힌트로 해결 끝!
처음 들어 있던 물의 양을 □ L라 하여 남아 있는 물의 양을 구하는 식을 만들어요.

풀이

답

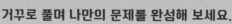

나만의 문제 만들기

다음은 주어진 무게와 낱말, 조건을 활용해서 만든 어떤 문제를 보고 풀이 과정과 답을 구한 것입니다. 어떤 문제였을까요? 거꾸로 문제 만들기, 도전해 볼까요? (15점)

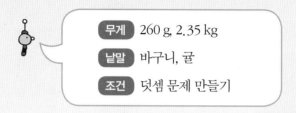

무게	260 g, 2.35 kg
낱말	바구니, 귤
조건	덧셈 문제 만들기

★ 힌트 ★
귤이 담긴 바구니의 무게를 구하는 질문을 만들어요

문제

풀이

귤이 담긴 바구니의 무게는 바구니 무게와 귤의 무게를 더해서 구합니다.

260 g = 0.26 kg이므로

(귤이 담긴 바구니의 무게) = (바구니의 무게) + (귤의 무게)

= 0.26 + 2.35 = 2.61 (kg)입니다.

답 _2.61 kg_

4. 사각형

STEP 1 대표 문제 맛보기

다음 도형에서 변 ㄴㄷ에 대한 수선은 2개입니다. 각 ㄴㄱㄹ의 크기는 몇 도인지 풀이 과정을 쓰고, 답을 구하세요. (8점)

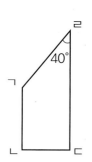

1단계 알고 있는 것 (1점)

변 ㄴㄷ에 대한 수선은 ☐ 개이고 각 ㄱㄹㄷ의 크기는

☐ 입니다.

2단계 구하려는 것 (1점)

각 ☐ 의 크기는 몇 도인지 구하려고 합니다.

3단계 문제 해결 방법 (2점)

한 직선이 다른 직선에 대한 수선일 때 두 직선이 만나서 이루는

각은 (예각 , 직각 , 둔각)이고, 사각형 네 각의 크기의 합은

☐ 입니다.

4단계 문제 풀이 과정 (3점)

변 ㄱㄴ과 변 ㄷㄹ은 변 ㄴㄷ에 대한 수선이므로 만나서 이루는 각은

☐ 입니다. 사각형 네 각의 크기의 합은 360°이므로 각 ㄴㄱㄹ의

크기는 ☐ $-90°-90°-$ ☐ $=$ ☐ 입니다.

5단계 구하려는 답 (1점)

따라서 각 ㄴㄱㄹ의 크기는 ☐ 입니다.

정답 및 풀이 > 14쪽

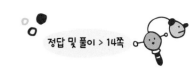

STEP 2 따라 풀어보기

다음 도형에서 찾을 수 있는 서로 수직인 변은 모두 몇 쌍인지 풀이 과정을 쓰고, 답을 구하세요. (9점)

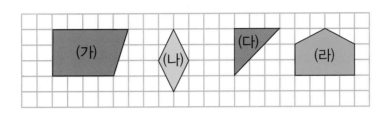

1단계 알고 있는 것 (1점) 도형 ☐, (나), (다), ☐ 가 주어져 있습니다.

2단계 구하려는 것 (1점) 서로 ☐ 인 변이 모두 몇 쌍인지 구하려고 합니다.

3단계 문제 해결 방법 (2점) 두 변이 만나서 이루는 각이 (예각 , 직각 , 둔각)인 부분을 찾습니다.

4단계 문제 풀이 과정 (3점) 두 변이 만나서 이루는 각이 직각일 때, 두 변은 서로

☐ 입니다. 서로 수직인 변을 찾으면 (가)는 ☐ 쌍, (다)는

☐ 쌍, (라)는 ☐ 쌍이므로 모두 2 + 1 + 2 = ☐ (쌍)입니다.

5단계 구하려는 답 (2점)

🔖 **수직과 수선**

✿ 직선이 만나서 이루는 각이 직각일 때, 두 직선은 서로 수직이라고 하고,
한 직선을 다른 직선에 대한 수선이라고 합니다.

직선 ㄱㄴ과 직선 ㄷㄹ은 서로 수직이고
직선 ㄱㄴ은 직선 ㄷㄹ에 대한 수선입니다.

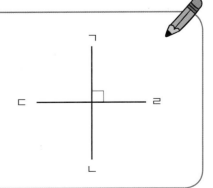

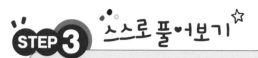

STEP 3 스스로 풀어보기

1. 그림에서 직선 (나)는 직선 (가)에 대한 수선입니다. ㉠의 각도는 몇 도인지 풀이 과정을 쓰고, 답을 구하세요. 10점

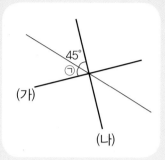

풀이

직선 (가)와 직선 (나)가 서로 ☐ 이므로 두 직선이 만나서 이루는 각의 크기는

☐ 입니다.

㉠ = ☐ − 45° = ☐

답 _____

2. 그림에서 선분 ㄴㅁ이 선분 ㄷㅁ에 대한 수선입니다. 각 ㄷㅁㄹ의 크기는 몇 도인지 풀이 과정을 쓰고, 답을 구하세요. 15점

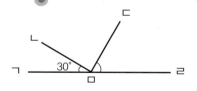

풀이

_____

_____

_____

_____

답 _____

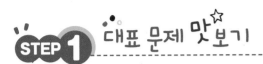

STEP 1 대표 문제 맛보기

도형에서 평행한 변은 모두 몇 쌍인지 풀이 과정을 쓰고, 답을 구하세요. (8점)

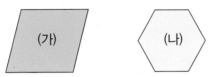

1단계 알고 있는 것 (1점)   ☐ 개의 도형이 주어져 있습니다.

2단계 구하려는 것 (1점)   도형에서 ☐ 한 변이 모두 몇 쌍인지 구하려고 합니다.

3단계 문제 해결 방법 (2점)   도형 (가)와 (나)에서 각각 평행한 변이 몇 쌍인지 구한 후,

그 수를 (더합니다 , 뺍니다).

4단계 문제 풀이 과정 (3점)   (가)에서 서로 평행한 변은 마주보는 변이므로 서로 평행한 변은

☐ 쌍입니다.

(나)에서 서로 평행한 변은 마주보는 변이므로 서로 평행한

변은 ☐ 쌍입니다. (가)와 (나)에서 평행한 변은 모두

☐ + ☐ = ☐ (쌍)입니다.

5단계 구하려는 답 (1점)   따라서 평행한 변은 모두 ☐ (쌍)입니다.

다음 도형에서 평행선 사이의 거리를 구하는
풀이 과정을 쓰고, 답을 구하세요. (9점)

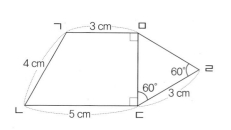

1단계 알고 있는 것 (1점)

변 ㄱㅁ의 길이 : ☐ cm   변 ㄱㄴ의 길이 : ☐ cm

변 ㄴㄷ의 길이 : ☐ cm   변 ㄷㄹ의 길이 : ☐ cm

(각 ㄱㅁㄷ) = (각 ㄴㄷㅁ) = ☐   (각 ㅁㄹㄷ) = (각 ㄷㄹㅁ) = ☐

2단계 구하려는 것 (1점)

평행선 사이의 ☐ 를 구하려고 합니다.

3단계 문제 해결 방법 (2점)

평행선을 찾은 후 평행선 사이의 (수직 , 평행)인 선분의 길이를
찾습니다.

4단계 문제 풀이 과정 (3점)

도형에서 평행한 두 변을 찾으면 변 ㄱㅁ과 변 ☐ 이므로 평행
선 사이의 거리는 변 ☐ 의 길이입니다. 삼각형 ㄷㄹㅁ에서
두 각의 크기가 60°, ☐ 이므로 나머지 한 각의 크기는
180° - ☐ - ☐ = ☐ 입니다. 삼각형 ㄷㄹㅁ은
정삼각형이므로 변 ㄷㅁ의 길이는 ☐ cm입니다.

5단계 구하려는 답 (2점)

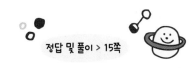

STEP 3 스스로 풀어보기

1. 직선 (가)와 직선 (나)는 서로 평행합니다. 점 ㄱ에서 직선
(나)에 수선을 그어 직선 (나)와 만나는 점은 점 ㄹ입니다.
각 ㄱㄴㄷ의 크기를 구하는 풀이 과정을 쓰고, 답을 구하
세요. (10점)

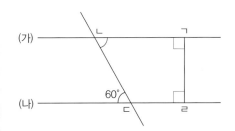

풀이

(각 ㄴㄷㄹ) = ☐ − 60° = ☐ 입니다. 평행선 사이에 수선을 그어 만든

사각형에서 사각형의 네 각의 크기의 합은 ☐ 이므로

(각 ㄱㄴㄷ) + (각 ㄴㄷㄹ) + 90° + 90° = ☐ 입니다.

따라서 (각 ㄱㄴㄷ) = ☐ − (각 ㄴㄷㄹ) − 90° − 90°

= ☐ − ☐ − 90° − 90° = ☐ 입니다.

답 _____

2. 직선 (가)와 직선 (나)는 서로 평행합니다. ㉠의 크기를 구하는
풀이 과정을 쓰고, 답을 구하세요. (15점)

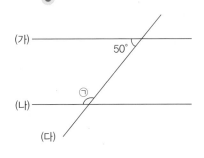

풀이

답 _____

STEP 1 대표 문제 맛보기

그림을 보고 (가)~(마)에서 사다리꼴을 모두 찾으려고 합니다. 풀이 과정을 쓰고, 답을 구하세요. 8점

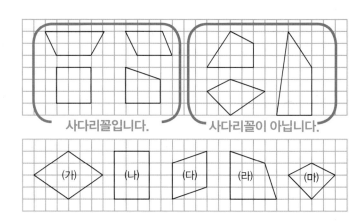

사다리꼴입니다.　사다리꼴이 아닙니다.

(가)　(나)　(다)　(라)　(마)

1단계 알고 있는 것 1점 　　[ ]인 도형과 [ ]이 아닌 도형이 주어져 있습니다.

2단계 구하려는 것 1점 　(가)~(마)에서 [ ]을 모두 찾으려 합니다.

3단계 문제 해결 방법 2점 　사다리꼴인 도형과 사다리꼴이 아닌 도형에서 [ ]의 특징을 찾습니다.

4단계 문제 풀이 과정 3점 　사다리꼴인 도형은 평행한 변이 (있고 , 없고) 사다리꼴이 아닌 도형은 평행한 변이 (있습니다 , 없습니다). (가)~(마)에서 [ ]한 변이 [ ] 쌍이라도 있는 사각형은 [ ], [ ], [ ]입니다.

5단계 구하려는 답 1점 　따라서 사다리꼴은 [ ], [ ], [ ]입니다.

66

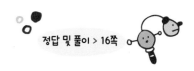

STEP 2 따라 풀어보기 ☆

직사각형 모양의 종이를 그림과 같이 접어서 자른 후 색칠한 부분을 펼쳤을 때 만들어지는 사각형의 이름을 쓰고, (가)~(마)에서 이 사각형과 이름이 같은 사각형을 모두 찾아 기호로 쓰려고 합니다. 풀이 과정을 쓰고, 답을 구하세요. 9점

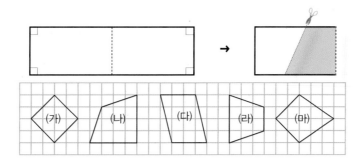

1단계 알고 있는 것 1점 ⬚ 모양의 종이와 자르기 하는 모양 그리고 도형 ⬚,
(나), ⬚, (라), ⬚가 주어져 있습니다.

2단계 구하려는 것 1점 자른 후 색칠한 부분을 펼쳤을 때 만들어지는 사각형의 이름과 (가)~(마)에서 이름이 (같은 , 다른) 이름의 사각형을 모두 찾아 기호로 쓰려고 합니다.

3단계 문제 해결 방법 2점 색칠한 부분을 펼쳤을 때 만들어지는 (사각형 , 삼각형)이 무엇인지 알아봅니다.

4단계 문제 풀이 과정 3점 색칠한 부분을 펼치면 (수직 , 평행)한 변이 한 쌍이라도 있는 사각형인 사다리꼴이 됩니다. (가)~(마)에서 평행한 변이 한 쌍이라도 있는 사각형은 ⬚, ⬚, ⬚입니다.

5단계 구하려는 답 2점 _____

STEP 3 스스로 풀어보기 ☆

1. 다음 주어진 도형은 이름이 무엇인지 풀이 과정을 쓰고, 답을 구하세요. (10점)

풀이

주어진 도형은 (세, 네) 개의 변으로 둘러싸인 도형으로 [   ] 입니다.

평행한 변은 (한, 두) 쌍 있습니다.

사각형 중에서도 평행한 변이 한 쌍이라도 있는 사각형은 [   ] 이므로

이 도형의 이름은 [   ] 입니다.

답 _____

2. 다음 주어진 도형의 이름이 될 수 없는 것은 무엇인지 풀이 과정을 쓰고, 답을 구하세요. (15점)

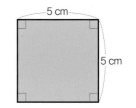

사다리꼴, 정사각형, 직사각형, 직각삼각형

풀이

답 _____

STEP 1 대표 문제 맛보기

길이가 5 cm, 3 cm인 막대가 2개씩 있습니다. 막대 4개를 사용하여 사각형을 만들 때 만들수 없는 사각형을 찾아 기호를 쓰려고 합니다. 풀이 과정을 쓰고, 답을 구하세요. (8점)

ㄱ 사다리꼴   ㄴ 평행사변형   ㄷ 마름모   ㄹ 직사각형

1단계 알고 있는 것 (1점)
막대의 길이 : ☐ cm, ☐ cm

2단계 구하려는 것 (1점)
막대를 사용하여 만들 수 (있는 , 없는) 사각형을 찾으려고 합니다.

3단계 문제 해결 방법 (2점)
직사각형은 (평행사변형 , 사다리꼴 , 정사각형 , 마름모)(이)라 할 수 있습니다. 마름모는 (평행사변형 , 사다리꼴 , 정사각형 , 직사각형) 이라 할 수 있습니다.

4단계 문제 풀이 과정 (3점)
5 cm 2개, 3 cm 2개로 네 각이 모두 직각인 직사각형을 만들 수 있습니다. 직사각형은 마주 보는 두 쌍의 변이 평행하므로

☐ 이라 할 수 있고, 평행한 변이 한 쌍이라도 있는

☐ 이라 할 수 있습니다. ☐ 은(는) 네 변의 길이가

모두 같은 사각형이므로 만들 수 없습니다.

5단계 구하려는 답 (1점)
따라서 막대 4개를 사용하여 사각형을 만들 때 만들 수 없는 사각형은

☐ 입니다.

다음 중 주어진 도형의 이름이 될 수 있는 것은 모두 몇 개인지 풀이 과정을 쓰고,
답을 구하세요. (9점)

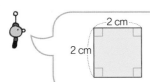

ⓐ 사각형　　ⓑ 삼각형　　ⓒ 이등변삼각형　　ⓓ 정사각형
ⓔ 직사각형　ⓕ 평행사변형　ⓖ 사다리꼴　ⓗ 마름모　ⓘ 둔각삼각형

1단계 알고 있는 것 (1점)　주어진 [　　] 과 ⓐ~ⓘ을 알고 있습니다.

2단계 구하려는 것 (1점)　주어진 도형의 [　　] 이 될 수 있는 것들을 모두 골라 기호로
쓰려고 합니다.

3단계 문제 해결 방법 (2점)　주어진 도형은 네 각이 모두 직각이고 네 변의 길이가 같은
[　　] 입니다.

4단계 문제 풀이 과정 (3점)　주어진 도형은 [　　] 입니다. 네 각이 있고 모두 [　　] 이므로
사각형이면서 직사각형이라 할 수 있고, 네 변의 [　　] 가 모두
같으므로 마름모라고 할 수 있습니다. 마주 보는 두 쌍의 변이 서로
[　　] 하므로 평행사변형이라 할 수 있고, 마주 보는 변이 한 쌍이라도
있는 사다리꼴이라 할 수 있습니다.

5단계 구하려는 답 (2점)

STEP 3 스스로 풀어보기☆

1. 그림과 같이 직사각형 모양의 종이를 접었을 때 ㉠의 각도는 몇 도인지 풀이 과정을 쓰고, 답을 구하세요. (10점)

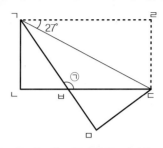

풀이

(각 ㄷㄱㅂ) = (각 ㄷㄱㄹ) = ▢ 입니다. 직사각형이므로 (각 ㄴㄱㄹ) = 90°이고

(각 ㄷㄱㄹ) + (각 ㄷㄱㅂ) + (각 ㄴㄱㅂ) = ▢ 이므로 (각 ㄴㄱㅂ) = ▢ − ▢

− ▢ = ▢ 입니다. 삼각형 ㄱㄴㅂ에서 (각 ㄴㄱㅂ) + (각 ㄱㄴㅂ) + (각 ㄱㅂㄴ)

= ▢ 이므로 (각 ㄱㅂㄴ) = ▢ − ▢ − 90° = ▢ 입니다.

따라서 ㉠ = 180° − (각 ㄱㅂㄴ) = 180° − ▢ = ▢ 입니다.

답 _____

2. 그림과 같이 직사각형 모양의 종이를 접었을 때 ㉠의 각도는 몇 도인지 풀이 과정을 쓰고, 답을 구하세요. (15점)

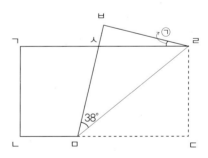

풀이

답 _____

1

그림에서 서로 평행한 선분은 모두 ㉮쌍이고 서로 수직인 선분은 모두 ㉯쌍입니다.
㉮×㉯는 얼마인지 풀이 과정을 쓰고, 답을 구하세요. (20점)

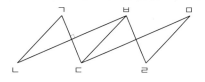

풀이

힌트로 해결 끝!

서로 만나지 않는 두 선분은 평행해요.

서로 만나서 이루는 각이 직각이면 서로 수직이에요.

답 _____

2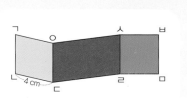

그림은 마름모, 평행사변형, 정사각형을 겹치지 않게
이어 붙여 만든 도형입니다. 이 도형의 둘레가 36cm
일 때 평행사변형 ㄷㄹㅅㅇ의 네 변의 길이의 합은
몇 cm인지 풀이 과정을 쓰고, 답을 구하세요. (20점)

풀이

힌트로 해결 끝!

마름모와 정사각형은 네 변의 길이가 같아요.

평행사변형은 마주 보는 두 변의 길이가 같아요.

답 _____

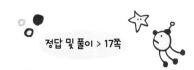

③ 생활수학

칠교판 7조각 중 2조각을 이용하여 사각형을 만들려고 합니다. 이용할 수 있는 2조각은 모두 몇 가지인지 풀이 과정을 쓰고, 답을 구하세요. 15점

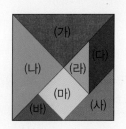

힌트로 해결 끝!

2조각을 골라 길이가 같은 변끼리 이어 붙여 사다리꼴, 평행사변형, 마름모, 직사각형, 정사각형을 만들어요.

풀이

답 _____

④ 창의융합

'백성을 가르치는 바른 소리'라는 뜻의 훈민정음은 조선 시대에 한글이 창제·반포되었을 당시의 공식 명칭으로, 세계 2900여 종의 언어 가운데 유네스코에서 최고의 평가를 받은 우리나라의 자랑스러운 문화유산입니다. 자음은 발음기관을, 모음은 하늘, 땅, 사람의 모양을 본떠 만들었다고 합니다. 다음 자음 중에서 평행선도 있고 수선도 있는 글자를 모두 찾아 쓰려고 합니다. 풀이 과정을 쓰고, 답을 구하세요. 20점

힌트로 해결 끝!

주어진 글자에서 각각 수직과 평행을 찾습니다.

ㄱ ㄷ ㅁ ㅂ ㅅ ㅍ

풀이

답 _____

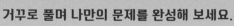

거꾸로 풀며 나만의 문제를 완성해 보세요.

모를 때 찍어봐!

정답 및 풀이 > 18쪽

다음은 주어진 그림과 낱말, 조건을 활용해서 만든 문제를 보고 풀이 과정과 답을 구한 것입니다.
어떤 문제였을까요? 거꾸로 문제 만들기, 도전해 볼까요? 15점

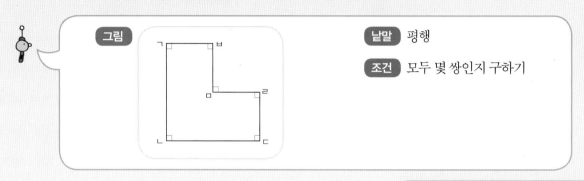

> 그림

> 낱말 평행

> 조건 모두 몇 쌍인지 구하기

★ 힌트 ★
서로 평행인 두 변을 모두 찾으세요

문제

풀이

서로 평행한 두 변을 모두 찾으면 변 ㄱㅂ과 변 ㄴㄷ과, 변 ㄱㅂ과 변 ㅁㄹ,
변 ㅁㄹ과 변 ㄴㄷ, 변 ㄱㄴ과 변 ㄹㄷ, 변 ㄱㄴ과 변 ㅂㅁ, 변 ㅂㅁ과 변 ㄹㄷ입니다.
따라서 모두 6쌍입니다.

답 6쌍

5. 꺾은선그래프

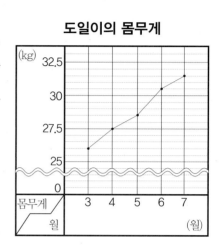

☆ 꺾은선그래프

STEP 1 대표 문제 맛보기

도일이의 몸무게를 매월 1일에 조사하여 나타낸 꺾은선 그래프입니다. 도일이의 몸무게가 가장 많이 늘어난 때는 몇 월과 몇 월 사이이고 몇 kg이 늘어났는지 풀이 과정을 쓰고, 답을 구하시오. (8점)

도일이의 몸무게

1단계 알고 있는 것 (1점)

도일이의 몸무게를 조사하여 나타낸 ☐ 그래프를 알고 있습니다.

2단계 구하려는 것 (1점)

도일이의 몸무게가 가장 (많이 , 적게) 늘어난 때는 몇 월과 몇 월 사이이고 몇 kg (늘어났는지 , 줄어들었는지) 구하려고 합니다.

3단계 문제 해결 방법 (2점)

세로 눈금 ☐ 칸의 크기를 구하고, 점과 ☐ 을 이은 선분의 기울어진 정도를 보고 가장 (많이 , 적게) 기울어진 부분을 찾아 변화한 무게를 구합니다.

4단계 문제 풀이 과정 (3점)

세로 눈금 5칸이 ☐ kg이므로 세로 눈금 한 칸은 ☐ kg 입니다. 점과 점을 이은 선분이 가장 많이 기울어진 때는 5월과 ☐ 월 사이이고, 5월의 몸무게는 ☐ kg이고 6월의 몸무게는 30.5 kg이므로 ☐ -28.5 = ☐ (kg)입니다.

5단계 구하려는 답 (1점)

따라서 몸무게가 가장 많이 늘어난 때는 ☐ 월과 6월 사이이고 ☐ kg이 늘어났습니다.

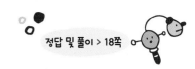
STEP 2 따라 풀어보기 ☆

어느 저수지의 수면의 높이를 매일 측정하여 나타낸 꺾은선그래프입니다. 수면의 높이가 가장 높을 때와 가장 낮을 때의 높이의 차는 몇 m인지 풀이 과정을 쓰고, 답을 구하세요. **9점**

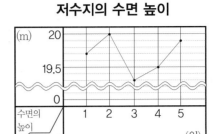

저수지의 수면 높이

1단계 알고 있는 것 **1점**

저수지 수면의 높이를 매일 측정하여 나타낸 [   ] 그래프를 알고 있습니다.

2단계 구하려는 것 **1점**

수면의 높이가 가장 (높을 , 낮을) 때와 가장 (높을 , 낮을) 때의 높이의 차는 몇 m인지 구하려고 합니다.

3단계 문제 해결 방법 **2점**

점의 위치가 가장 높을 때와 가장 낮을 때의 수면의 높이를 구해 (합, 차)을(를) 구합니다.

4단계 문제 풀이 과정 **3점**

세로 눈금 5칸이 [   ] m이므로 세로 눈금 한 칸은 [   ] m 입니다. 수면의 높이가 가장 높은 때는 점의 위치가 가장 높은 [   ] 월로 [   ] m이고, 수면의 높이가 가장 낮은 때는 점의 위치가 가장 낮은 [   ] 월로 [   ] m입니다. 그러므로 [   ] – [   ] = [   ] (m)입니다.

5단계 구하려는 답 **2점**

1. 어느 제과점의 크림빵 판매량을 조사하여 나타낸 꺾은선그래프입니다. 크림빵의 판매량이 가장 많은 때와 가장 적은 때의 개수의 합을 구하려고 합니다. 풀이 과정을 쓰고, 답을 구하세요. 10점

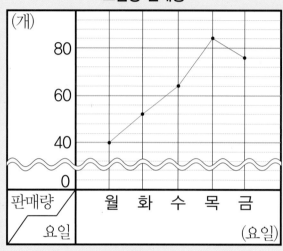

풀이

세로 눈금 5칸의 크기가 ☐ 개이므로 세로 눈금 한 칸의 크기는

☐ ÷ 5 = ☐ (개) 입니다.

크림빵 판매량이 가장 많은 때는 ☐ 요일로 ☐ 개이고,

가장 적은 때는 ☐ 요일로 ☐ 개입니다.

따라서 크림빵 판매량의 개수의 합은 ☐ + ☐ = ☐ (개)입니다.

답 _____

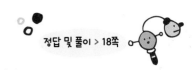
2. 학교 도서실의 도서 대출 현황을 조사하여 나타낸 꺾은선그래프입니다. 도서 대출이 가장 많은 때와 가장 적은 때의 합은 몇 권인지 구하는 풀이 과정을 쓰고, 답을 구하세요. (15점)

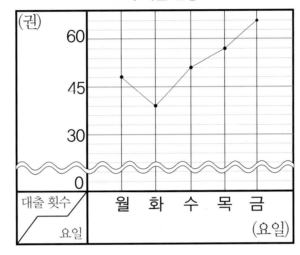

풀이

답

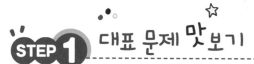 **STEP 1** 대표 문제 맛보기

세찬이의 키를 월별로 조사하여 나타낸 표입니다. 표를 보고 꺾은선그래프로 나타낼 때 잘못된 것은 어느 것인지 기호를 고르려고 합니다. 풀이 과정을 쓰고, 답을 구하세요. (8점)

세찬이의 키

월	키 (cm)
3	144
4	144.2
5	144.8
6	145.3
7	145.9

㉠ 세로 눈금 한 칸의 크기를 0.1 cm로 하였습니다.

㉡ 가로에 월, 세로에 키를 나타냈습니다.

㉢ 꺾은선그래프의 제목을 '세찬이의 키'로 하였습니다.

㉣ 145.9 cm까지 표현할 수 있도록 눈금의 수를 정하였습니다.

㉤ 0~145 cm 사이를 물결선으로 줄여 나타냈습니다.

1단계 알고 있는 것 (1점)

세찬이의 키

월	3	4	5	6	7
키 (cm)					

2단계 구하려는 것 (1점) 꺾은선그래프로 나타낼 때 (바른 , 잘못된) 것은 어느 것인지 기호를 고르려고 합니다.

3단계 문제 해결 방법 (2점) ☐ 그래프를 그리는 방법을 생각합니다.

4단계 문제 풀이 과정 (3점) ㉠ 조사한 자료의 값이 소수 한 자리 수이고 변화 값이 크지 않으므로 세로 눈금 한 칸의 크기는 ☐ cm가 알맞습니다. ㉡ 꺾은선그래프는 보통 조사한 수를 ☐ 에 표시합니다. ㉢ 꺾은선그래프의 제목은 표의 ☐ 으로 합니다. ㉣ 자료의 값 중 가장 큰 수인 ☐ cm까지는 반드시 나타낼 수 있도록 세로 눈금 칸 수를 정합니다. ㉤ 0에서 가장 작은 자료 값 사이를 물결선으로 줄여야 하므로 0 ~ ☐ cm 사이를 줄여야 합니다.

5단계 구하려는 답 (1점) 따라서 꺾은선그래프를 그릴 때 잘못된 것은 ☐ 입니다.

STEP 2 따라 풀어보기 ☆

어느 회사에서 월별 제품 판매량을 조사하여 나타낸 꺾은선그래프입니다. 세 사람 중 바르게
설명한 학생은 누구인지 풀이 과정을 쓰고, 답을 구하세요. (9점)

영지 1월과 7월의 판매량의 차는 240개입니다.
동준 판매량의 변화가 가장 많은 때는 6월과
7월 사이이고 90개 늘었습니다.
소희 지금의 생산량 변화대로라면 8월에는
판매량이 1300개를 넘을 것 같습니다.

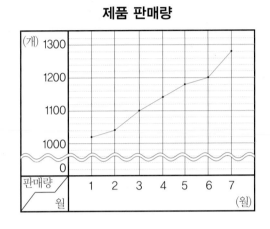

제품 판매량

1단계 **알고 있는 것** (1점) 　어느 회사의 월별 제품 생산량을 나타낸 [　　] 그래프

영지, 동준, [　　] 의 설명

2단계 **구하려는 것** (1점) 　세 사람 중 (바르게 , 잘못) 설명한 학생을 구하려고 합니다.

3단계 **문제 해결 방법** (2점) 　영지, 동준, [　　] 의 설명 중 옳지 않은 것에 대한 이유를 알아봅니다.

4단계 **문제 풀이 과정** (3점) 　세로 눈금 한 칸의 크기는 $100 \div 5 =$ [　　] (개)이고 판매량은 1월

[　　] 개, 7월 1280개이므로 판매량의 차는 $1280 - 1020 =$ [　　] (개)

입니다. 판매량의 변화가 가장 심한 때는 선분이 가장 많이 기울어진 6월과

7월 사이이고 판매량은 6월 [　　] 개, 7월 [　　] 개로 판매량은

[　　] $-$ [　　] $=$ [　　] (개) 늘었습니다. 판매량은 증가 추세이고

가장 적은 증가량이 20개이므로 8월에는 [　　] 개가 넘을 것 같습니다.

5단계 **구하려는 답** (2점) ＿＿＿＿＿＿＿＿＿＿＿＿＿＿＿＿＿＿＿＿＿＿＿＿＿＿＿＿＿＿

1. 강낭콩의 키를 조사하여 나타낸 꺾은선그래프입니다. 6일에 잰 강낭콩의 키는 약 몇 cm인지 풀이 과정을 쓰고, 답을 구하세요. 10점

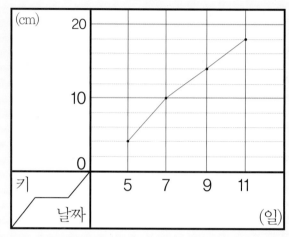

풀이

세로 눈금 5칸의 크기가 ⬚ (cm)이므로 세로 눈금 한 칸의 크기는

⬚ ÷ 5 = ⬚ (cm)입니다.

5일에 강낭콩의 키는 ⬚ cm이고 7일에 강낭콩의 키는 ⬚ cm입니다.

따라서 6일에 강낭콩의 키는 5일의 키인 ⬚ cm와 7일의 키인 ⬚ cm의 중간 값인

약 ⬚ cm입니다.

답

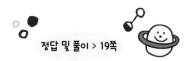

2. 희수는 감기에 걸린 동안 희수 어머니께서 1시간마다 희수의 체온을 재었습니다. 오전 11시 30분에 희수의 체온은 약 몇 ℃인지 풀이 과정을 쓰고, 답을 구하세요. 15점

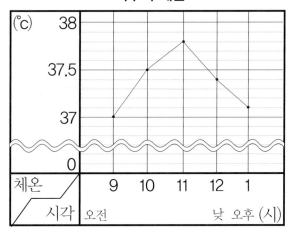

풀이

답 _____

1

과일 가게에서 4주 동안 판매한 배의 양을 매주 월요일에 조사하여 나타낸 꺾은선그래프입니다. 과일 가게에서 4주 동안 판매한 배가 모두 112상자일 때, ㉠+㉡의 값은 얼마인지 풀이 과정을 쓰고, 답을 구하세요. 20점

힌트로 해결 끝!
점이 위치한 눈금 칸 수를 세어 모두 더한 값이 4주 동안의 판매량이에요.

배 판매량

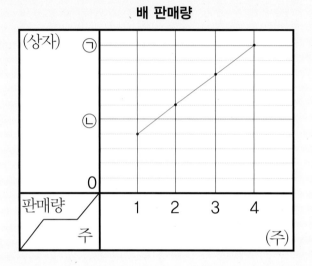

 풀이

답

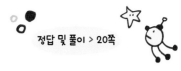

2

김밥가게의 불고기 김밥 판매량을 조사하여 나타낸 꺾은선그래프입니다.
불고기 김밥 1줄이 3000원일 때 조사한 시간 동안의 불고기 김밥 판매액은 모두
얼마인지 풀이 과정을 쓰고, 답을 구하세요. 20점

불고기 김밥 판매량

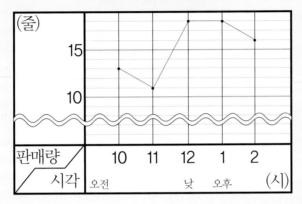

답 _____

3

교실 안과 밖의 온도를 1시간마다 재어 나타낸 꺾은선그래프입니다. 교실의 안과 밖의 온도 차가 가장 큰 때는 언제이고, 그때의 온도 차는 몇 ℃인지 풀이 과정을 쓰고, 답을 구하세요. (20점)

점 사이 간격이 가장 큰 시각이 온도 차가 가장 큰 시각이에요.

교실 안과 밖의 온도

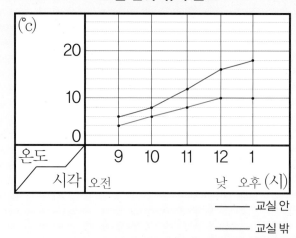

―――― 교실 안
―――― 교실 밖

답 _____

힌트로 해결 끝!

점이 나타내는 자료 값을 읽고 더하세요.

4

창의융합

유네스코 세계유산이란 '세계 문화 및 자연유산 보호에 관한 협약'에 의거하여 유네스코 세계유산목록에 등록된 유산을 뜻합니다. 우리나라는 1995년 '종묘', '석굴암 · 불국사', '해인사 장경판전'이 첫 세계유산으로 등재된 이후 우리나라의 중요 문화재, 사적지, 궁 등이 유네스코 세계유산으로 꾸준히 등재되고 있습니다. 2015년부터 2019년까지 등재된 우리나라의 세계유산은 모두 몇 건인지 풀이 과정을 쓰고, 답을 구하세요. (20점)

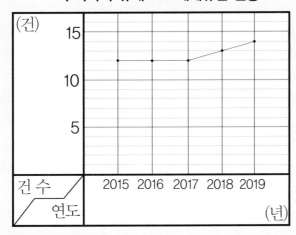

우리나라 유네스코 세계유산 현황

답 _____

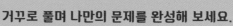

나만의 문제 만들기

거꾸로 풀며 나만의 문제를 완성해 보세요.

모를 때 찍어봐!

정답 및 풀이 > 20쪽

다음은 주어진 수와 낱말, 조건을 활용해서 만든 문제를 보고 풀이 과정과 답을 구한 것입니다.
어떤 문제였을까요? 거꾸로 문제 만들기, 도전해 볼까요? 15점

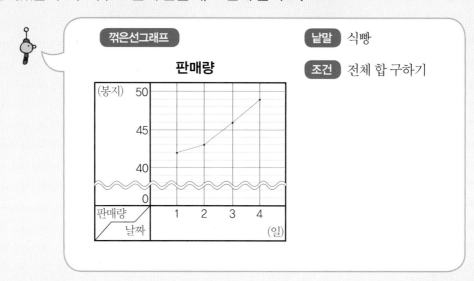

꺾은선그래프

판매량

낱말 식빵

조건 전체 합 구하기

★힌트★
판매량의 합 구하기

문제

풀이

세로 눈금 한 칸의 크기가 1봉지입니다. 식빵의 판매량은 1일에 42봉지, 2일에
43봉지, 3일에 46봉지, 4일에 49봉지입니다.

따라서 4일 동안 식빵의 판매량은 42+43+46+49=180(봉지)입니다.

답 180봉지

6. 다각형

STEP 1 대표 문제 맛보기

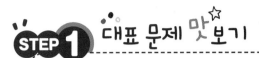

다음 중 다각형을 찾아 변의 수의 합을 구하려고 합니다. 풀이 과정을 쓰고, 답을 구하세요. (8점)

 (가)　 (나)　 (다)　 (라)　(마)

1단계 알고 있는 것 (1점)　도형 ☐, (나), ☐, (라), ☐ 을(를) 알고 있습니다.

2단계 구하려는 것 (1점)　☐ 을 찾아 변의 수의 (합 , 차)을(를) 구하려고 합니다.

3단계 문제 해결 방법 (2점)　다각형은 선분으로만 둘러싸인 도형입니다. 다각형을 찾아 변의 수를 (더합니다 , 뺍니다).

4단계 문제 풀이 과정 (3점)　다각형은 선분으로 둘러싸인 도형이므로 다각형은 ☐ , ☐ , ☐ 입니다. 변의 수는 (가)는 ☐ 개, (다)는 ☐ 개, (마)는 ☐ 개이므로 ☐ + ☐ + ☐ = ☐ (개)입니다.

5단계 구하려는 답 (1점)　따라서 다각형의 변의 수의 합은 ☐ 개입니다.

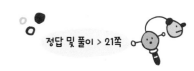

STEP 2 따라 풀어보기☆

도율이와 수영이는 공작용 빨대를 자른 후 자른 빨대에 털실을 끼워 연결하여 다각형을 만들었습니다. 두 사람이 만든 다각형의 변의 수의 합은 몇 개인지 풀이 과정을 쓰고, 답을 구하세요. (9점)

> **도율** 나는 빨대를 6개로 잘라서 만들어 볼 거야.
> **수영** 나는 빨대를 7개로 잘라서 만들어 볼 거야.

1단계 알고 있는 것 (1점)

도율이가 자른 조각의 개수 : ☐ 개

수영이가 자른 조각의 개수 : ☐ 개

2단계 구하려는 것 (1점)

도율이와 수영이가 만든 다각형의 ☐ 의 수의 (합 , 차)을(를) 구하려고 합니다.

3단계 문제 해결 방법 (2점)

두 사람이 만든 다각형을 확인하고 변의 수를 (더합니다 , 뺍니다).

4단계 문제 풀이 과정 (3점)

빨대를 잘라 생긴 조각들이 다각형의 ☐ 이 되므로 도율이는

변이 ☐ 개인 (오각형 , 육각형)을 만들었고, 수영이는

변이 ☐ 개인 (육각형 , 칠각형)을 만들었습니다. 두 사람이

만든 다각형의 변의 수의 합은 ☐ + ☐ = ☐ (개)입니다.

5단계 구하려는 답 (2점)

_____

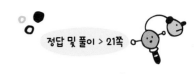

STEP 3 스스로 풀어보기

유형①

1. 육각형의 모든 각의 크기의 합은 몇 도인지 육각형을 삼각형으로 나누어 구하려고 합니다. 풀이 과정을 쓰고, 답을 구하세요. (10점)

풀이

육각형의 한 꼭짓점에서 다른 꼭짓점으로 대각선을 그으면 삼각형 ☐ 개로 나눌 수 있습니다.

삼각형 세 내각의 크기의 합이 ☐ 이므로

(육각형의 모든 각의 크기의 합) = ☐ × ☐ = ☐ 입니다.

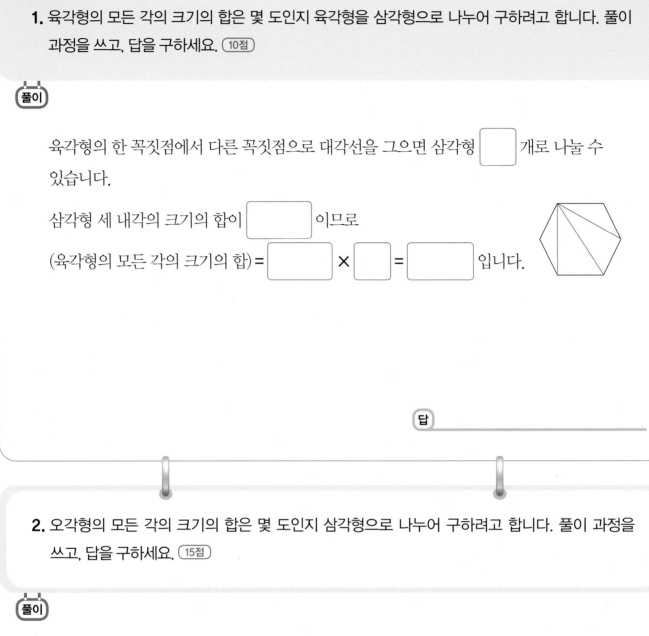

답 _____

2. 오각형의 모든 각의 크기의 합은 몇 도인지 삼각형으로 나누어 구하려고 합니다. 풀이 과정을 쓰고, 답을 구하세요. (15점)

풀이

답 _____

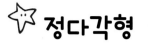
STEP 1 대표 문제 맛보기

다음 중 정다각형은 모두 몇 개인지 구하려고 합니다. 풀이 과정을 쓰고, 답을 구하세요. 8점

(가) (나) (다) (라) (마)

1단계 알고 있는 것 1점

도형 (가), ☐ , ☐ , (라), ☐ 를 알고 있습니다.

2단계 구하려는 것 1점

☐ 은 모두 몇 개인지 구하려고 합니다.

3단계 문제 해결 방법 2점

정다각형은 변의 길이가 모두 (같고 , 다르고), 각의 크기도 모두 (같은, 다른) 다각형입니다.

4단계 문제 풀이 과정 3점

변의 길이가 모두 같고 각의 크기가 모두 같은 다각형은 ☐ , ☐ , ☐ 입니다.

5단계 구하려는 답 1점

따라서 정다각형은 모두 ☐ 개입니다.

모든 변의 길이의 합이 121 cm인 정십일각형의 한 변의 길이는 ㉠ cm이고 모든 각의 크기의 합이 1080°인 정팔각형의 한 각의 크기는 ㉡°입니다. ㉠과 ㉡에 알맞은 수의 합은 얼마인지 풀이 과정을 쓰고, 답을 구하세요. (9점)

1단계 알고 있는 것 (1점)

정십일각형의 모든 변의 길이의 합 : ☐ cm

정팔각형의 모든 각의 크기의 합 : ☐ °

2단계 구하려는 것 (1점)

㉠과 ㉡의 (합 , 차)을(를) 구하려고 합니다.

3단계 문제 해결 방법 (2점)

정다각형은 변의 길이가 모두 (같고 , 다르고), 각의 크기도 모두 (같은 , 다른) 다각형입니다.

4단계 문제 풀이 과정 (3점)

정십일각형은 11개의 변의 길이가 모두 같으므로

(정십일각형의 한 변의 길이) = 121 ÷ ☐ = ☐ (cm)입니다.

정팔각형은 8개의 각의 크기가 모두 같으므로

(정팔각형의 한 각의 크기) = 1080° ÷ ☐ = ☐ °입니다.

㉠ = ☐ 이고 ㉡ = ☐ 이므로 ㉠ + ㉡ = ☐ 입니다.

5단계 구하려는 답 (2점)

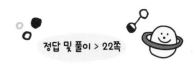

STEP 3 스스로 풀어보기 ☆

1. 정육각형의 한 각의 크기는 몇 도인지 풀이 과정을 쓰고, 답을 구하세요. 〔10점〕

풀이

정육각형의 꼭짓점을 이어서 삼각형 ☐ 개로 나누어 정육각형의 모든 각의 크기의 합을

구하면 ☐ × ☐ = ☐ 입니다.

정육각형은 6개의 각의 크기가 모두 같습니다.

따라서 (정육각형의 한 각의 크기) = ☐ ÷ ☐ = ☐ 입니다.

답 _____

2. 정오각형의 한 각의 크기는 몇 도인지 풀이 과정을 쓰고, 답을 구하세요. 〔15점〕

풀이

답 _____

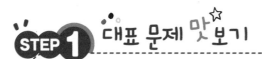

STEP 1 대표 문제 맛보기

다음 도형들의 대각선의 수의 합을 구하려고 합니다. 풀이 과정을 쓰고, 답을 구하세요. (8점)

1단계 **알고 있는 것** (1점)   [　　　] , 오각형, [　　　] 을 알고 있습니다.

2단계 **구하려는 것** (1점)   도형들의 대각선의 수의 (합 , 차)을(를) 구하려고 합니다.

3단계 **문제 해결 방법** (2점)   각 도형에 [　　　] 을 그어보고 대각선의 수를 구해
(더합니다 , 뺍니다).

4단계 **문제 풀이 과정** (3점)

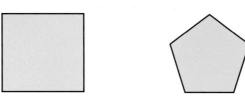   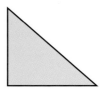 (각 도형에 대각선을 그려보세요.)

각 도형의 대각선의 수는 사각형은 [　　] 개, 오각형은 [　　] 개고,

삼각형은 0개이므로 [　　] + [　　] + 0 = [　　] (개)입니다.

5단계 **구하려는 답** (1점)   따라서 도형들의 대각선의 수의 합은 [　　] 개입니다.

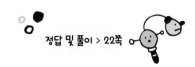

STEP 2 따라 풀어보기

다음과 같은 방법으로 다각형의 대각선의 수를 구할 수 있습니다. 같은 방법으로 육각형과 구각형의 대각선 수를 구하여 대각선 수의 차는 몇 개인지 나타내려고 합니다. 풀이 과정을 쓰고, 답을 구하세요. [9점]

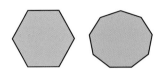

(한 꼭짓점에서 그을 수 있는 대각선의 수)×(꼭짓점의 수)÷2

1단계 알고 있는 것 [1점] □과 구각형이 주어져 있고 대각선의 수를 구하는 방법을 알고 있습니다.

(한 □ 에서 그을 수 있는 대각선의 수)×(□ 의 수)÷□

2단계 구하려는 것 [1점] 육각형과 구각형의 대각선의 (합 , 차)을(를) 구하려고 합니다.

3단계 문제 해결 방법 [2점] 한 꼭짓점에서 그을 수 있는 □ 의 수를 구하여 공식에 넣어줍니다. 대각선의 수를 구한 후 두 수의 (합 , 차)을(를) 구합니다.

4단계 문제 풀이 과정 [3점] 한 꼭짓점에서 그을 수 있는 대각선의 수는 육각형은 □ 개, 구각형은 □ 개입니다.

(육각형의 대각선의 수)= □ × 6 ÷ 2 = □ (개)이고

(구각형의 대각선의 수)= □ × 9 ÷ 2 = □ (개)이므로

□ − □ = □ (개)입니다.

5단계 구하려는 답 [2점] _____

STEP 3 스스로 풀어보기 ☆

1. 직사각형 ㄱㄴㄷㄹ에서 대각선 ㄱㄷ의 길이는 10 cm입니다. 삼각형 ㄴㄷㄹ의 세 변의 길이의 합은 몇 cm인지 풀이 과정을 쓰고, 답을 구하세요. (10점)

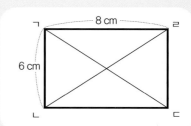

풀이

직사각형은 대각선의 길이가 서로 같으므로 (선분 ☐) = (선분 ㄱㄷ) = ☐ (cm)이고

마주 보는 두 변의 길이가 같으므로 (변 ☐) = (변 ㄱㄴ) = ☐ (cm),

(변 ☐) = (변 ㄱㄹ) = ☐ (cm)입니다. 따라서 (삼각형 ㄴㄷㄹ의 세 변의 길이의 합)

= (변 ㄴㄷ) + (변 ㄷㄹ) + (변 ㄹㄴ) = ☐ + ☐ + ☐ = ☐ (cm)입니다.

답 _____

2. 마름모 ㄱㄴㄷㄹ에서 선분 ㄴㅁ의 길이는 7 cm입니다. 삼각형 ㄱㄴㄹ의 세 변의 길이의 합이 32 cm일 때, 마름모의 네 변의 길이의 합은 몇 cm인지 풀이 과정을 쓰고, 답을 구하세요. (15점)

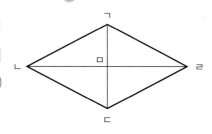

풀이

답 _____

STEP 1 대표 문제 맛보기

한 가지 모양으로 빈 부분을 빈틈없이 채우려고 할 때, (가)는 ㉠개, (나)는 ㉡개, (다)는 ㉢개 필요합니다. ㉠+㉡+㉢은 얼마인지 풀이 과정을 쓰고, 답을 구하세요. (8점)

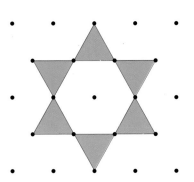

 (가)   (나)  (다)

1단계 알고 있는 것 (1점) ☐, (나), ☐ 모양 조각이 주어져 있습니다.

2단계 구하려는 것 (1점) ㉠, ㉡, ㉢의 (합 , 차)을(를) 구하려고 합니다.

3단계 문제 해결 방법 (2점) 한 가지 모양조각으로 빈 부분을 채울 때 필요한 조각의 수 ㉠, ㉡, ㉢을 구하고 세 수를 (더합니다 , 뺍니다).

4단계 문제 풀이 과정 (3점) (가), (나), (다) 모양 조각으로 빈 부분을 채우면 다음과 같습니다.

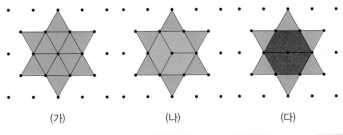

(가)   (나)   (다)

모양 조각의 개수를 세면 ㉠ = ☐, ㉡ = ☐, ㉢ = ☐ 입니다.

5단계 구하려는 답 (1점) 따라서 ㉠ + ㉡ + ㉢ = ☐ + ☐ + ☐ = ☐ 입니다.

왼쪽의 삼각형 모양 조각을 이용하여 오른쪽의 직사각형을 만들려고 합니다. 삼각형 모양 조각은 모두 몇 개 필요한지 풀이 과정을 쓰고, 답을 구하세요. (9점)

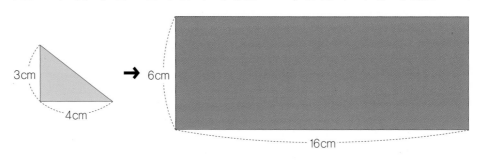

1단계 알고 있는 것 (1점) 삼각형 모양 조각의 두 변의 길이 : 가로 ☐ cm, 세로 ☐ cm

직사각형의 두 변의 길이 : 가로 ☐ cm, 세로 ☐ cm

2단계 구하려는 것 (1점) 직사각형을 만들기 위해 필요한 (삼각형 , 직사각형) 모양 조각은 몇 개인지 구하려고 합니다.

3단계 문제 해결 방법 (2점) 삼각형 모양 조각 ☐ 개를 이어 붙여 작은 직사각형을 만들고, 큰 직사각형을 만드는 데 작은 직사각형이 몇 개 필요한지 구해 해결합니다.

4단계 문제 풀이 과정 (3점) 삼각형 모양 조각 ☐ 개로 작은 직사각형을 만들면 가로가

☐ cm, 세로가 ☐ cm인 직사각형을 만들 수 있습니다.

작은 직사각형 모양 조각을 큰 직사각형의 가로에 16 ÷ ☐

= ☐ (개), 세로에 6 ÷ ☐ = ☐ (개) 놓을 수 있으므로

직사각형 모양 조각은 4 × ☐ = ☐ (개) 필요하고, 삼각형 모양

조각은 ☐ × ☐ = ☐ (개) 필요합니다.

5단계 구하려는 답 (2점)

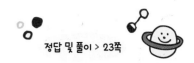

STEP 3 스스로 풀어보기 ☆

1. (가) 모양 조각을 사용하여 (나) 모양을 2개, (다) 모양을 1개 만들려고 합니다. (가) 모양 조각은 모두 몇 개 필요한지 풀이 과정을 쓰고, 답을 구하세요. (10점)

풀이

(가) 모양 조각을 ☐개로 (나) 모양을 만들 수 있고, (가) 모양 조각 ☐개로

(다) 모양을 만들 수 있습니다. (나) 모양을 2개 만들 때 필요한 (가) 모양 조각은

☐ × 2 = ☐ (개)이고, (다) 모양을 1개 만들 때 필요한 (가) 모양 조각은

☐ × 1 = ☐ (개)이므로 (가) 모양 조각은 모두 ☐ + 3 = ☐ (개) 필요합니다.

답 _____

2. (가) 모양 조각을 사용하여 (나) 모양을 3개, (다) 모양을 5개 만들려고 합니다. (가) 모양 조각은 모두 몇 개 필요한지 풀이 과정을 쓰고, 답을 구하세요. (15점)

풀이

답 _____

정육각형과 삼각형의 한 변의 겹치지 않게 이어 붙여 오각형을 만들었습니다.
삼각형 ㄹㅁㅂ은 어떤 삼각형인지 알맞은 것을 기호로 고르려고 합니다. 풀이
과정을 쓰고, 답을 구하세요. 20점

힌트로 해결 끝!

일직선이 이루는 각도
: 180°

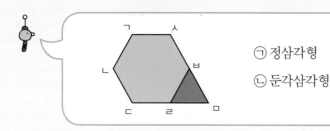

㉠ 정삼각형
㉡ 둔각삼각형

 풀이

답 _____

 ②

정오각형의 둘레의 길이는 ㉠ cm이고, 그을 수 있는
모든 대각선의 길이의 합은 ㉡ cm입니다. ㉠과 ㉡의
차를 구하는 풀이 과정을 쓰고, 답을 구하세요. 20점

 유형②+③

힌트로 해결 끝!

정오각형
① 모든 변의 길이가 같아요.
② 대각선의 길이가 같아요.

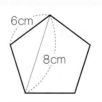
6cm
8cm

풀이

답 _____

3

마름모 ㄱㄴㄷㄹ의 두 대각선의 길이의 합이 34 cm이고 차가 14 cm일 때 삼각형 ㄱㄴㅁ의 둘레는 몇 cm인지 풀이 과정을 쓰고, 답을 구하세요. (20점)

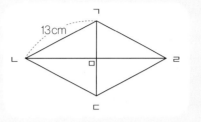

힌트로 해결 끝!

합 34이고 차가 14인 두 수를 찾아요.

두 수 중 큰 수는 긴 대각선의 길이, 작은 수는 짧은 대각선의 길이를 나타내요.

풀이

답 _____

4

아래의 모양조각 6개 중 몇 개를 사용하여 변끼리 겹치지 않게 이어 붙여 마름모를 만들 때 조각에 쓰인 수의 합이 8이 되는 모양은 몇 개인지 풀이 과정을 쓰고, 답을 구하세요.(단, 같은 조각들로 위치만 바꾼 모양은 같은 것이고 만든 모양이 같더라도 다른 조각을 사용하면 다른 것으로 생각합니다.) (25점)

힌트로 해결 끝!

마름모는 네 변의 길이가 같습니다.

1 ∘ 1 ∘ 2 ∘ 2 ∘ 3 ∘ 3

풀이

답 _____

정답 및 풀이 > 24쪽

다음은 주어진 그림과 낱말, 조건을 활용해서 만든 문제를 보고 풀이 과정과 답을 구한 것입니다. 어떤 문제였을까요? 거꾸로 문제 만들기, 도전해 볼까요? (15점)

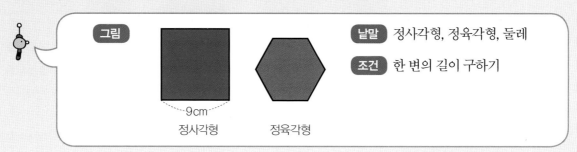

그림

낱말 정사각형, 정육각형, 둘레

조건 한 변의 길이 구하기

9cm

정사각형   정육각형

★힌트★
정육각형의 한 변의 길이 구하기

문제

풀이

(정사각형의 둘레)=9×4=36 (cm)이고 정사각형과 정육각형의 둘레가 같으므로 정육각형의 둘레는 36 cm입니다.

따라서 정육각형의 한 변의 길이는 36÷6=6 (cm)입니다.

답 __6 cm__

초등수학

한 권으로 서술형 끝

정답

8

초등수학
4-2과정

한 권으로 서술형 끝

초등수학

한 권으로

서술형

끝

정답

8

초등수학
4-2 과정

넥서스에듀

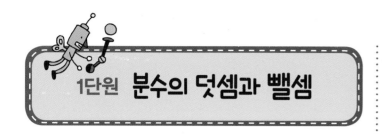

1단원 분수의 덧셈과 뺄셈

핵심유형 1   진분수의 덧셈과 뺄셈

STEP 1 ·· P. 12

1단계 $\dfrac{2}{7}$, $\dfrac{2}{7}$

2단계   도일이, 벽

3단계 $\dfrac{2}{7}$, 더합니다

4단계 $\dfrac{2}{7}$ / $\dfrac{2}{7}$, $\dfrac{2}{7}$, $\dfrac{4}{7}$ / $\dfrac{2}{7}$, $\dfrac{4}{7}$, $\dfrac{6}{7}$

5단계 $\dfrac{6}{7}$

STEP 2 ·· P. 13

1단계   1, $\dfrac{5}{12}$, $\dfrac{3}{12}$

2단계   남은

3단계   뺍니다

4단계   1, 5 / 12, 5 / 7 / $\dfrac{7}{12}$, $\dfrac{3}{12}$ / $\dfrac{4}{12}$

5단계   따라서 민지가 아침과 점심에 마시고 남은 주스는 $\dfrac{4}{12}$L 입니다.

STEP 3 ·· P. 14

❶

풀이   분모, 분자 / 3, 5, 4, 3, 5, 4 / 3, 5, 4, 12

답   12

오답 제로를 위한 **채점 기준표**

세부 내용		점수
풀이 과정	① $\dfrac{1}{5}+\dfrac{3}{5}=\dfrac{1+3}{5}=\dfrac{4}{5}$ 라고 한 경우	3
	② ㉠=3, ㉡=5, ㉢=4라 한 경우	3
	③ ㉠+㉡+㉢=12라 한 경우	3
답	12를 쓴 경우	1
총점		10

---

❷

풀이   분모가 같은 분수의 덧셈은 분모는 그대로 두고 분자끼리 더합니다. $\dfrac{5}{8}+\dfrac{2}{8}=\dfrac{5+2}{8}=\dfrac{7}{8}$에서 ㉠=5, ㉡=8, ㉢=7이므로 ㉠+㉡+㉢=5+8+7=20입니다.

답   20

오답 제로를 위한 **채점 기준표**

세부 내용		점수
풀이 과정	① $\dfrac{5}{8}+\dfrac{2}{8}=\dfrac{5+2}{8}=\dfrac{7}{8}$	5
	② ㉠=5, ㉡=8, ㉢=7이라 한 경우	4
	③ ㉠+㉡+㉢=5+8+7=20이라 한 경우	4
답	20을 쓴 경우	2
총점		15

핵심유형 2   대분수의 덧셈과 뺄셈

STEP 1 ·· P. 15

1단계 $1\dfrac{1}{6}$, $1\dfrac{4}{6}$

2단계   식혜, 설탕

3단계 $1\dfrac{4}{6}$, 더합니다

4단계 $1\dfrac{4}{6}$ / $1\dfrac{1}{6}$, $1\dfrac{4}{6}$, $2\dfrac{5}{6}$ / $1\dfrac{1}{6}$, $2\dfrac{5}{6}$, $3\dfrac{6}{6}$, 4

5단계   4

STEP 2 ·· P. 16

1단계 $1\dfrac{4}{7}$, $2\dfrac{1}{7}$

2단계   몸무게

3단계 $1\dfrac{4}{7}$, $2\dfrac{1}{7}$, 뺍니다

4단계 $1\dfrac{4}{7}$ / $33\dfrac{6}{7}$, $1\dfrac{4}{7}$, $32\dfrac{2}{7}$ / $2\dfrac{1}{7}$ / $32\dfrac{2}{7}$, $2\dfrac{1}{7}$, $30\dfrac{1}{7}$

5단계   따라서 현재 기훈이의 몸무게는 $30\dfrac{1}{7}$ kg입니다.

STEP 3

❶

풀이 $7\frac{3}{5}$ / $1\frac{3}{5}$ / $7\frac{3}{5}$, $1\frac{3}{5}$, $8\frac{6}{5}$ / $9\frac{1}{5}$

답 $9\frac{1}{5}$

오답 제로를 위한 **채점 기준표**

	세부 내용	점수
풀이 과정	① 가장 큰 대분수 $7\frac{3}{5}$을 만든 경우	3
	② 가장 작은 대분수 $1\frac{3}{5}$을 만든 경우	3
	③ 두 수의 합을 $9\frac{1}{5}$로 구한 경우	3
답	$9\frac{1}{5}$이라고 쓴 경우	1
	총점	10

❷

풀이 $9>7>5>4>2$이므로 9, 7, 5를 뽑아 만든 가장 큰 대분수는 $9\frac{5}{7}$이고 2, 4, 7을 뽑아 만든 가장 작은 대분수는 $2\frac{4}{7}$입니다. 따라서 만들 수 있는 가장 큰 대분수와 가장 작은 대분수의 합는 $9\frac{5}{7}+2\frac{4}{7}=11\frac{9}{7}=12\frac{2}{7}$입니다.

답 $12\frac{2}{7}$

오답 제로를 위한 **채점 기준표**

	세부 내용	점수
풀이 과정	① 가장 큰 대분수 $9\frac{5}{7}$를 만든 경우	4
	② 가장 작은 대분수 $2\frac{4}{7}$를 만든 경우	4
	③ 두 수의 합을 $12\frac{2}{7}$로 구한 경우	5
답	$12\frac{2}{7}$라고 쓴 경우	2
	총점	15

핵심유형 ❸ (자연수)-(분수)

STEP 1

1단계 $2, \frac{3}{5}, 1\frac{1}{5}$

2단계 어제, 물

3단계 빼고, 뺍니다

4단계 $2 / 2, \frac{3}{5}, \frac{5}{5}, \frac{3}{5}, 1\frac{2}{5}$ / $2 / 2, 1\frac{1}{5}, \frac{5}{5}, 1\frac{1}{5}, \frac{4}{5}$

5단계 $1\frac{2}{5}, \frac{4}{5}$

STEP 2

1단계 $\frac{5}{8}, 1\frac{3}{8}$

2단계 담장

3단계 2, 뺍니다

4단계 $2, \frac{5}{8}, \frac{8}{8}, \frac{5}{8}, 1\frac{3}{8}$ / $2, 1\frac{3}{8}, \frac{8}{8}, 1\frac{3}{8}, \frac{5}{8}$

5단계 따라서 진수와 아버지가 더 만들어야 할 담장의 길이는 각각 $1\frac{3}{8}$ m, $\frac{5}{8}$ m 입니다.

STEP 3

❶

풀이 $7, 5, 7\frac{5}{8}$ / $8, 7\frac{5}{8}, 1\frac{3}{8}$ / $1\frac{3}{8}$

답 $1\frac{3}{8}$

오답 제로를 위한 **채점 기준표**

	세부 내용	점수
풀이 과정	① 계산 결과가 가장 작아지는 방법을 설명한 경우	3
	② $9-7\frac{5}{8}$의 식을 세운 경우	3
	③ 뺄셈식의 차를 $1\frac{3}{8}$으로 나타낸 경우	3
답	$1\frac{3}{8}$을 쓴 경우	1
	총점	10

 제시된 풀이는 모범답안이므로 채점 기준표를 참고하여 채점하세요.

❷

풀이 계산 결과가 가장 크려면 빼는 수가 가장 작아야 합니다.
$9 > 5 > 4 > 2$이므로 자연수 부분에는 가장 작은 수 2를, 분자에는 두 번째로 작은 수인 4를 써넣어야 합니다.
$8 - 2\frac{4}{8} = 7\frac{8}{8} - 2\frac{4}{8} = 5\frac{4}{8}$이므로 계산 결과가 가장 큰 뺄셈식의 차는 $5\frac{4}{8}$입니다.

답 $5\frac{4}{8}$

	세부 내용	점수
풀이 과정	① 계산 결과가 가장 커지는 방법을 설명한 경우	4
	② $8 - 2\frac{4}{8}$를 만든 경우	4
	③ 뺄셈식의 차를 $5\frac{4}{8}$라 한 경우	5
답	$5\frac{4}{8}$를 쓴 경우	2
	총점	15

 **핵심유형4** **(대분수)-(대분수)**

STEP 1 .... P. 21

1단계 $6\frac{4}{9}, 2\frac{7}{9}$

2단계 $6\frac{4}{9}$

3단계 $2\frac{7}{9}$

4단계 $2\frac{7}{9} / 2\frac{7}{9}, 13, 2\frac{7}{9}, 3\frac{6}{9} / 3\frac{6}{9} / 2\frac{7}{9}, 15, 2\frac{7}{9} / \frac{8}{9}$

5단계 2

STEP 2 .... P. 22

1단계 $21\frac{3}{4}, 60\frac{1}{4}$

2단계 $60\frac{1}{4}$

3단계 $21\frac{3}{4}$

4단계 $21\frac{3}{4} / 60\frac{1}{4}, 21\frac{3}{4}, 59\frac{5}{4}, 21\frac{3}{4}, 21\frac{3}{4}, 38\frac{2}{4} / 38\frac{2}{4},$

$21\frac{3}{4} / 38\frac{2}{4}, 21\frac{3}{4}, 37\frac{6}{4}, 21\frac{3}{4} / 16\frac{3}{4}, 16\frac{3}{4}, 21\frac{3}{4}$

5단계 따라서 슬기네 가족은 쌀을 2달까지 먹을 수 있습니다.

STEP 3 .... P. 23

❶

풀이 $\frac{6}{5}, 1\frac{4}{5} / \frac{16}{5}, \frac{7}{5}, \frac{9}{5}, 1\frac{4}{5}$

답 $1\frac{4}{5}$

	세부 내용	점수
풀이 과정	① 자연수 부분에서 1을 빌려와서 계산한 경우	5
	② 가분수로 바꾸어 계산한 경우	4
답	$1\frac{4}{5}$를 쓴 경우	1
	총점	10

❷

풀이 방법 1) 자연수 부분의 1을 받아내림하여 계산합니다.

$4\frac{3}{8} - 1\frac{7}{8} = 3\frac{11}{8} - 1\frac{7}{8} = 2\frac{4}{8}$

방법 2) 대분수를 가분수로 바꾸어 계산합니다.

$4\frac{3}{8} - 1\frac{7}{8} = \frac{35}{8} - \frac{15}{8} = \frac{20}{8} = 2\frac{4}{8}$

답 $2\frac{4}{8}$

	세부 내용	점수
풀이 과정	① 자연수 부분에서 1을 빌려와서 계산한 경우	7
	② 가분수로 바꾸어 계산한 경우	6
답	$2\frac{4}{8}$를 쓴 경우	2
	총점	15

1

풀이 〈가〉=가+$\frac{4}{15}$이므로 〈$\frac{7}{15}$〉=$\frac{7}{15}$+$\frac{4}{15}$=$\frac{11}{15}$이고, 〈1$\frac{13}{15}$〉

=1$\frac{13}{15}$+$\frac{4}{15}$=2$\frac{2}{15}$입니다. 따라서 〈$\frac{7}{15}$〉+〈1$\frac{13}{15}$〉=$\frac{11}{15}$

+2$\frac{2}{15}$=2$\frac{13}{15}$입니다.

답 2$\frac{13}{15}$

오답 제로를 위한 **채점 기준표**

	세부 내용	점수
풀이 과정	① 〈$\frac{7}{15}$〉=$\frac{11}{15}$이라 한 경우	6
	② 〈1$\frac{13}{15}$〉=2$\frac{2}{15}$라 한 경우	6
	③ 〈$\frac{7}{15}$〉+〈1$\frac{13}{15}$〉=2$\frac{13}{15}$이라 한 경우	6
답	2$\frac{13}{15}$을 쓴 경우	2
	총점	20

2

풀이 (빵 1개를 만들고 남는 밀가루의 양)=5$\frac{3}{7}$-2$\frac{4}{7}$=4$\frac{10}{7}$

-2$\frac{4}{7}$=2$\frac{6}{7}$ (kg)이고, (빵 1개를 더 만들고 남는 밀가루의

양)=2$\frac{6}{7}$-2$\frac{4}{7}$=$\frac{2}{7}$ (kg)입니다. 남은 $\frac{2}{7}$ kg으로 빵을 한

개 더 만들 때 필요한 밀가루의 양은 2$\frac{4}{7}$-$\frac{2}{7}$=2$\frac{2}{7}$ (kg)

입니다. 따라서 밀가루를 남김없이 사용하여 빵을 만들

려면 적어도 2$\frac{2}{7}$ kg의 밀가루가 더 필요합니다.

답 2$\frac{2}{7}$ kg

오답 제로를 위한 **채점 기준표**

	세부 내용	점수
풀이 과정	① 빵 1개를 만들고 남는 밀가루 양을 2$\frac{6}{7}$ kg으로 구한 경우	6
	② 빵 1개를 더 만들고 남는 밀가루 양을 $\frac{2}{7}$ kg이라 한 경우	6
	③ 더 만들 때 필요한 밀가루의 양을 2$\frac{2}{7}$ kg이라 한 경우	6
답	2$\frac{2}{7}$ kg을 쓴 경우	2
	총점	20

3

풀이 거북이가 1시간 동안 이동한 거리를 구합니다. 1시간

=60분이므로 10분 동안 간 거리인 555$\frac{2}{3}$ m를 6번 더합

니다. (거북이가 1시간 동안 이동한 거리)=555$\frac{2}{3}$+ ⋯

+555$\frac{2}{3}$=3330$\frac{12}{3}$=3334 (m)입니다. 3334＞3333$\frac{1}{3}$이

므로 거북이가 3334-3333$\frac{1}{3}$=$\frac{2}{3}$ (m) 더 멀리 갔습니다.

답 거북(이), $\frac{2}{3}$ m

오답 제로를 위한 **채점 기준표**

	세부 내용	점수
풀이 과정	① 거북이가 1시간 동안 이동한 거리를 구하는 식을 쓴 경우	8
	② 거북이가 1시간 동안 이동한 거리를 3334 m라 한 경우	8
	③ 거북이가 $\frac{2}{3}$ m 더 갔다고 한 경우	7
답	거북(이), $\frac{2}{3}$ m를 모두 쓴 경우	2
	총점	25

4

풀이 (재료 전체의 양)=(꿀)+(자몽즙)+(탄산수)

=$\frac{2}{5}$+$\frac{4}{5}$+2$\frac{4}{5}$

=1$\frac{1}{5}$+2$\frac{4}{5}$=3$\frac{5}{5}$=4(컵)이고,

(한 사람이 마실 수 있는 양)=4÷4=1(컵)입니다.

답 1컵

오답 제로를 위한 **채점 기준표**

	세부 내용	점수
풀이 과정	① 재료의 전체 양을 구하는 식을 쓰고 4컵으로 구한 경우	7
	② 한 사람 당 마시는 양을 구하는 식을 쓰고 1컵으로 답한 경우	6
답	1컵이라고 쓴 경우	2
	총점	15

제시된 풀이는 **모범답안**이므로
채점 기준표를 참고하여 채점하세요.

·· P. 26

문제 대현이는 오전에 우유 $\frac{4}{5}$ L를 마셨고, 오후에 우유 $\frac{2}{5}$ L를 마셨습니다. 대현이가 하루 동안 마신 우유의 양은 몇 L인지 풀이 과정을 쓰고, 답을 구하세요.

오답 제로를 위한 **채점 기준표**

	세부 내용	점수
문제	① 문제에 주어진 수를 모두 사용한 경우	5
	② 문제에 주어진 낱말을 쓴 경우	5
	③ 두 수의 합을 구하는 문제를 만든 경우	5
	총점	15

2단원 삼각형

 **이등변삼각형**

STEP 1 ································ P. 28

1단계 이등변, 25°

2단계 ㉠, 각도

3단계 이등변, 180°

4단계 이등변, 각 / 25°, 180° / 25°, 180°, 130°

5단계 130°, 25°

STEP 2 ································ P. 29

1단계 100°

2단계 각도

3단계 ㄱㄴㄷ, 180°

4단계 180°, 100°, 80° / 80°, 40° / 180° / 180°, 180°, 40°, 140°

5단계 따라서 ㉠의 각도는 140°입니다.

STEP 3 ································ P. 30

❶

풀이 이등변, ㄱㄴ, 16 / 16, 44

답 44 cm

오답 제로를 위한 **채점 기준표**

	세부 내용	점수
풀이 과정	① (변ㄱㄷ)= 16 cm라 한 경우	4
	② 세 변의 길이의 합을 44 cm 로 구한 경우	5
답	44 cm를 쓴 경우	1
	총점	10

❷

풀이   삼각형 ㄱㄴㄷ의 세 변의 길이의 합이 22 cm이므로 (변 ㄱㄴ)+(변 ㄱㄷ)+6=22, (변 ㄱㄴ)+(변 ㄱㄷ)=22-6=16 (cm)입니다. 삼각형 ㄱㄴㄷ은 이등변삼각형이고 (변 ㄱㄷ)=(변 ㄱㄴ)이므로 (변 ㄱㄷ)=(변 ㄱㄴ)=16÷2=8 (cm)입니다. 따라서 변 ㄱㄷ의 길이는 8 cm입니다.

답   8 cm

오답 제로를 위한 **채점 기준표**

	세부 내용	점수
풀이 과정	① (변 ㄱㄴ)+(변 ㄱㄷ)의 길이를 16 cm로 구한 경우	5
	② (변 ㄱㄷ)=(변 ㄱㄴ)를 설명한 경우	4
	③ (변 ㄱㄷ)의 길이를 8 cm로 구한 경우	4
답	8 cm를 쓴 경우	2
총점		**15**

 **핵심유형2**   **정삼각형**

STEP 1   P. 31

1단계   9, 60

2단계   합

3단계   ㄴㄷㄷ

4단계   180° / 180°, 60° / 정삼각형, 정삼각형 / 9, 9, 27

5단계   27

STEP 2   P. 32

1단계   정삼각형

2단계   각도

3단계   각, 180°

4단계   정삼각형, 60°, 60°, 180° / 180°, 180° / 180°, 60°, 120°

5단계   따라서 ★의 각도는 120°입니다.

STEP 3   P. 33

❶

풀이   3, 81 / 정삼각형 / 81, 27

답   27 cm

오답 제로를 위한 **채점 기준표**

	세부 내용	점수
풀이 과정	① 정삼각형 한 개를 만드는 데 사용한 철사의 길이를 81 cm로 구한 경우	5
	② 정삼각형 한 변의 길이를 27 cm라 한 경우	4
답	27 cm를 쓴 경우	1
총점		**10**

❷

풀이   정사각형은 네 변의 길이가 같으므로 (정사각형의 둘레)=(정사각형 한 변의 길이)×4=3×4=12 (cm)입니다. 정삼각형의 둘레도 12 cm이고 정삼각형은 세 변의 길이가 같으므로 (정삼각형의 한 변의 길이)=12÷3=4 (cm)입니다.

답   4 cm

오답 제로를 위한 **채점 기준표**

	세부 내용	점수
풀이 과정	① 정사각형 네 변의 길이의 합을 12 cm라 한 경우	4
	② 정삼각형의 둘레를 12 cm라 한 경우	5
	③ 정삼각형의 한 변의 길이를 4 cm라 한 경우	4
답	4 cm를 쓴 경우	2
총점		**15**

 **핵심유형3**   **예각삼각형, 둔각삼각형**

STEP 1   P. 34

1단계   두, 65, 44, 55, 70

2단계   예각삼각형

3단계   예각

4단계   65°, 75°, 75° / 36°, 100°, 100° / 55°, 90°, 90° / 52°, 58°, 58°

5단계   ㉠, ㉣

 제시된 풀이는 모범답안이므로 채점 기준표를 참고하여 채점하세요.

STEP 2 ·· P. 35

1단계 두, 35, 50, 15, 50

2단계 둔각삼각형

3단계 둔각

4단계 35°, 100°, 100° / 40°, 90°, 90° / 15°, 100°, 100° / 50°, 80°, 80°

5단계 따라서 둔각삼각형은 ㉠, ㉢입니다.

STEP 3 ·· P. 36

❶

풀이 ⑥, ⑧, 4 / ⑥ / ⑤, ⑧, 2 / 4, 2, 6

답 6개

오답 체로를 위한 **채점 기준표**

	세부 내용	점수
풀이 과정	① 삼각형 1개로 만들어진 예각삼각형을 4개라 한 경우	3
	② 삼각형 4개로 만들어진 예각삼각형을 2개라 한 경우	3
	③ 크고 작은 예각삼각형의 개수를 6개라 한 경우	3
답	6개를 쓴 경우	1
	총점	10

❷

풀이 삼각형 1개로 만들어진 둔각삼각형:①, ②, ③, ⑥ → 4개

삼각형 2개로 만들어진 둔각삼각형:①+②, ②+③ → 2개

삼각형 3개로 만들어진 둔각삼각형:①+②+③ → 1개

따라서 크고 작은 둔각삼각형은 모두 4+2+1=7(개)입니다.

답 7개

오답 체로를 위한 **채점 기준표**

	세부 내용	점수
풀이 과정	① 삼각형 1개로 만들어진 둔각삼각형을 4개라 한 경우	3
	② 삼각형 2개로 만들어진 둔각삼각형을 2개라 한 경우	3
	③ 삼각형 3개로 만들어진 둔각삼각형을 1개라 한 경우	3
	④ 크고 작은 둔각삼각형의 개수를 7개라 한 경우	4
답	7개를 쓴 경우	2
	총점	15

핵심유형 **4** 삼각형을 두 가지 기준으로 분류하기

STEP 1 ·· P. 37

1단계 (가), (마), (아)

2단계 예각, 기호

3단계 이등변, 예각

4단계 (나), (바), (사), (아) / (나), (바) / (아)

5단계 (나), (바), (아)

STEP 2 ·· P. 38

1단계 30°, 120°

2단계 이름

3단계 각

4단계 30°, 30°, 30°, 이등변삼각형, 둔각삼각형

5단계 따라서 삼각형의 이름으로 알맞은 것은 이등변삼각형과 둔각삼각형입니다.

STEP 3 ·· P. 39

❶

풀이 60°, 60°, 60° / 예각 / 75°, 75°, 예각 / ㉠, ㉢

답 ㉠, ㉢

오답 체로를 위한 **채점 기준표**

	세부 내용	점수
풀이 과정	① ㉠의 나머지 한 각을 구하고 예각삼각형임을 말한 경우	3
	② ㉡은 예각삼각형이 아닌 이유를 밝힌 경우	3
	③ ㉢의 나머지 한 각을 구하고 예각삼각형임을 말한 경우	3
답	㉠, ㉢이라고 쓴 경우	1
	총점	10

❷

풀이 둔각삼각형은 한 각이 둔각이어야 합니다.

㉠ 180°-30°-40°=110° → 둔각삼각형

㉡ 180°-60°-60°=60° → 정삼각형(예각삼각형)

㉢ 180°-45°-40°=95° → 둔각삼각형

따라서 둔각삼각형은 ㉠, ㉢입니다.

답 ㉠, ㉢

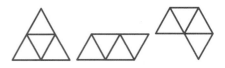

	세부 내용	점수
풀이 과정	① ㉠의 나머지 한 각을 구하고 둔각삼각형임을 말한 경우	4
	② ㉡의 나머지 한 각을 구하고 예각삼각형임을 말한 경우	5
	③ ㉢의 나머지 한 각을 구하고 둔각삼각형임을 말한 경우	4
답	㉠, ㉢이라고 쓴 경우	2
	총점	15

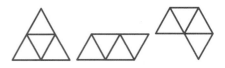

…………………… P. 40

1

풀이 정삼각형 ㉠의 둘레가 36 cm이므로 한 변의 길이는 36÷3=12 (cm)입니다. 정삼각형 ㉠과 한 변이 붙어 있는 정사각형 ㉡의 한 변의 길이도 12 cm가 됩니다. 이등변삼각형 ㉢에서 길이가 같은 두 변의 길이의 합은 도형의 바깥쪽 둘레가 66 cm이므로 12 cm의 4배만큼의 길이를 뺀 66-(12×4)=18 (cm)입니다. 따라서 (이등변삼각형 ㉢의 둘레)=12+18=30 (cm)입니다.

답 30 cm

	세부 내용	점수
풀이 과정	① 정삼각형의 한 변의 길이를 12 cm라 한 경우	4
	② 정사각형의 한 변의 길이를 12 cm라 한 경우	4
	③ 이등변삼각형에서 길이가 같은 두 변의 길이의 합을 18 cm라 한 경우	5
	④ 이등변삼각형의 둘레의 길이를 30 cm라 한 경우	5
답	30 cm를 쓴 경우	2
	총점	20

2

풀이 삼각형 ㄱㄷㅂ이 정삼각형이므로 삼각형 ㄱㄷㅂ의 세 각은 모두 60°입니다. 이등변삼각형 ㄷㅁㅂ에서 (각 ㄷㅂㅁ)=180°-(각 ㄱㅂㄷ)=180°-60°=120°이고 (각 ㄷㅁㅂ)+(각 ㅁㄷㅂ)=180°-120°=60°이므로 (각 ㄷㅁㅂ)=(각 ㅁㄷㅂ)=60°÷2=30°입니다. 따라서 (각 ㄱㄷㄴ)=180°-(각 ㄱㄷㅂ)-(각 ㅁㄷㅂ)-30°=180°-60°-30°-30°=60°입니다.

답 60°

	세부 내용	점수
풀이 과정	① 삼각형 ㄱㄷㅂ이 정삼각형이므로 세 각이 모두 60°임을 설명한 경우	3
	② 각 ㄷㅂㅁ의 크기를 120°라 한 경우	5
	③ 각 ㅁㄷㅂ의 크기를 30°라 한 경우	5
	④ 각 ㄱㄷㄴ의 크기를 60°라 한 경우	5
답	60°라고 쓴 경우	2
	총점	20

3

풀이 정삼각형 3개로 만들 수 있는 모양에서 정삼각형 1개를 변끼리 이어 붙여 모양을 만들고 뒤집거나 돌렸을 때 같은 모양을 한 가지로 생각하면 다음과 같이 3가지 모양이 나옵니다.

3가지 모양의 둘레는 각각 3×6=18 (cm)이므로 같습니다. 따라서 정삼각형 4개로 만들 수 있는 모양의 둘레는 18 cm입니다.

답 18 cm

	세부 내용	점수
풀이 과정	① 모양 3가지를 찾은 경우	7
	② 한 가지 모양의 둘레를 18 cm라 한 경우	7
	③ 둘레의 합이 모두 같다고 한 경우	4
답	18 cm를 쓴 경우	2
	총점	20

제시된 풀이는 **모범답안**이므로 **채점 기준표**를 참고하여 채점하세요.

4

풀이 삼각형 ㄷㄹㅁ에서 (각 ㄹㄷㅁ)=180°-90°-75°=15°이고 종이를 접었으므로 (각 ㅁㄷㅂ)=(각 ㄹㄷㅁ)=15°입니다. 그러므로 (각 ㄴㄷㅂ)=90°-15°-15°=60°입니다. 정사각형에서 (변 ㄴㄷ)=(변 ㄷㄹ)이고, (변 ㄷㄹ)=(변 ㄷㅂ)이므로 삼각형 ㄴㄷㅂ은 이등변삼각형입니다. (각 ㄷㄴㅂ)+(각 ㄴㅂㄷ)=180°-60°=120°이고 (각 ㄷㄴㅂ)=(각 ㄴㅂㄷ)=120°÷2=60°입니다. 따라서 (각 ㄱㄴㅂ)=90°-60°=30°입니다.

답 30°

세부 내용		점수
풀이 과정	① (각 ㄹㄷㅁ)의 크기 : 15°라 한 경우	10
	② (각 ㅁㄷㅂ)의 크기 : 15°라 한 경우	
	③ (각 ㄴㄷㅂ)의 크기 : 60°라 한 경우	
	④ (각 ㄷㄴㅂ)의 크기 : 60°라 한 경우	8
	⑤ (각 ㄱㄴㅂ)의 크기 : 30°라 한 경우	
답	30°를 쓴 경우	2
	총점	20

.... P. 42

문제 길이가 2 m인 철사가 있습니다. 이 철사로 한 변의 길이가 4 cm인 정삼각형을 몇 개까지 만들 수 있는지 풀이 과정을 쓰고, 답을 구하세요.

세부 내용		점수
문제	① 문제에 주어진 수를 모두 쓴 경우	5
	② 문제에 주어진 표현을 쓴 경우	5
	③ 정삼각형의 개수를 구하는 문제를 만든 경우	5
	총점	15

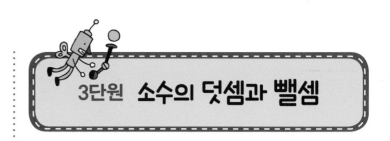

3단원 소수의 덧셈과 뺄셈

 **핵심유형 1** 소수 세 자리 수

STEP 1 .... P. 44

1단계	576, 704 / 1000, 100
2단계	옳지 않은
3단계	1000, 세
4단계	세, 1000, 1000
5단계	ㄹ

STEP 2 .... P. 45

1단계	79, 981 / 104, 1000
2단계	옳은
3단계	1000, 세
4단계	세 / 1000, ㉠, ㉣ / 0.079, 0.981 / 2.504
5단계	따라서 옳은 것을 기호로 나타내면 ㉢입니다.

STEP 3 .... P. 46

1

풀이 4, 4, 6 / 6, 3, 3 / 7, 4.673 / 사 점 육칠삼

답 4.673, 사 점 육칠삼

세부 내용		점수
풀이 과정	① ㉡에서 일의 자리 숫자 4라 한 경우	2
	② ㉣에서 소수 첫째 자리 숫자를 6이라 한 경우	2
	③ ㉢에서 소수 셋째 자리 숫자를 3이라 한 경우	2
	④ ㉤에서 소수 둘째 자리 숫자를 7이라 한 경우	2
	⑤ 소수 세 자리 수 4.673, 사 점 육칠삼이라 한 경우	1
답	4.673, 사 점 육칠삼을 모두 쓴 경우	1
	총점	10

❷

풀이 ㉠에서 일의 자리 숫자는 5, ㉢에서 구하려는 소수를 5.□○□라고 하면 ㉡에서 구하려는 소수는 5.212, 5.424, 5.636, 5.848 중 하나입니다. 이 중 ㉣에서 각 자리 숫자의 합이 10이 되는 경우는 5.212입니다.

답 5.212

오답 제로를 위한 **채점 기준표**

세부 내용	점수
풀이 과정	① ㉠에서 일의 자리 숫자를 5라 한 경우	3
	② ㉢에서 소수 세 자리 수를 5.□○□라 한 경우	3
	③ ㉡에서 5.212, 5.424, 5.636, 5.848이라 한 경우	4
	④ ㉣에서 5.212라 한 경우	3
답	5.212를 쓴 경우	2
총점		15

 **핵심유형2** 소수의 크기 비교

STEP 1 .... P. 47

1단계 0.507, 1.817, 0.234

2단계 가까운

3단계 자연수, 첫째, 같은

4단계 일, 1.817 / 첫째 / 0.507, 0.234 / 1.817, 0.507, 0.234

5단계 놀이터, 학교, 도서관

STEP 2 .... P. 48

1단계 2.08, 2.074, 1.998

2단계 많이

3단계 자연수, 첫째, 같은

4단계 2, 1, 1.998 / 8, 7, 2.08, 2.074 / 2.08, 2.074, 1.998

5단계 따라서 우유를 많이 마신 사람부터 이름을 쓰면 지연, 민정, 성현입니다.

STEP 3 .... P. 49

❶

풀이 둘째, 8, 5 / 6, 7, 8, 9

답 6, 7, 8, 9

오답 제로를 위한 **채점 기준표**

세부 내용	점수
풀이 과정	① 소수 둘째 자리 7<8이라 한 경우	3
	② □>5라고 한 경우	3
	③ □ 안에 알맞은 수를 6, 7, 8, 9라 한 경우	3
답	6, 7, 8, 9를 모두 쓴 경우	1
총점		10

❷

풀이 ㉠에서 소수 둘째 자리 수가 8>7이므로 □ 안에는 6보다 더 작은 수인 0, 1, 2, 3, 4, 5가 들어갈 수 있습니다. ㉡에서 소수 셋째 자리 수가 7<8이므로 □ 안에는 1보다 더 큰 수인 2, 3, 4, 5, 6, 7, 8, 9가 들어갈 수 있습니다. 따라서 □ 안에 공통으로 들어갈 수 있는 수는 2, 3, 4, 5입니다.

답 2, 3, 4, 5

오답 제로를 위한 **채점 기준표**

세부 내용	점수
풀이 과정	① ㉠에서 소수 둘째 자리 8>7라고 한 경우	2
	② ㉠에서 □ 안에 0, 1, 2, 3, 4, 5라 한 경우	3
	③ ㉡에서 소수 셋째 자리 7<8라고 한 경우	2
	④ ㉡에서 □ 안에 2, 3, 4, 5, 6, 7, 8, 9라 한 경우	3
	⑤ 공통으로 들어갈 수를 2, 3, 4, 5라 한 경우	3
답	2, 3, 4, 5를 모두 쓴 경우	2
총점		15

 **핵심유형3** 소수의 덧셈

STEP 1 .... P. 50

1단계 5.73, 1.35

2단계 합

3단계 큰, 합

4단계 5.73, 1.35, 0.42 / 5.73, 0.42 / 0.42, 6.15

5단계 6.15

 제시된 풀이는 모범답안이므로 채점 기준표를 참고하여 채점하세요.

1단계 10.16, 2.67

2단계 우섭

3단계 2.67, 더합니다

4단계 2.67 / 10.16, 2.67, 12.83

5단계 따라서 우섭의 기록은 12.83초입니다.

❶

풀이 0.01 / 8, 6.38, 6 / 6.46, 6.38, 6.46, 12.84

답 12.84

오답 제로를 위한 **채점 기준표**

	세부 내용	점수
풀이 과정	① 눈금 1칸의 크기 0.01이라 한 경우	2
	② ㉠에 알맞은 수 6.38이라 한 경우	2
	③ ㉡에 알맞은 수 6.46이라 한 경우	2
	④ ㉠과 ㉡의 합 12.84라 한 경우	3
답	12.84라고 쓴 경우	1
	총점	10

❷

풀이 눈금 5칸이 0.1이므로 눈금 1칸은 0.02입니다. ㉠은 3.2 에서 오른쪽으로 눈금 4칸 간 수이므로 3.28이고 ㉡은 3.3에서 오른쪽으로 눈금 2칸 간 수이므로 3.34입니다. 따라서 ㉠과 ㉡의 합은 3.28+3.34=6.62입니다.

답 6.62

오답 제로를 위한 **채점 기준표**

	세부 내용	점수
풀이 과정	① 눈금 1칸의 크기 0.02라 한 경우	3
	② ㉠에 알맞은 수 3.28이라 한 경우	3
	③ ㉡에 알맞은 수 3.34라 한 경우	3
	④ ㉠과 ㉡의 합 6.62라 한 경우	4
답	6.62라고 쓴 경우	2
	총점	15

핵심유형 4 소수의 뺄셈

1단계 6.16, 5.71

2단계 차

3단계 뺍니다

4단계 6.16, 5.71, 0.45

5단계 0.45

1단계 1.1, 0.84

2단계 남은

3단계 뺍니다

4단계 1.1, 0.84, 0.26

5단계 따라서 영우가 사용하고 남은 찰흙은 0.26 kg입니다.

❶

풀이 6.01 / 0.16 / 6.01, 0.16, 5.85

답 5.85

오답 제로를 위한 **채점 기준표**

	세부 내용	점수
풀이 과정	① 가장 큰 소수 두 자리 수 6.01이라 한 경우	3
	② 가장 작은 소수 두 자리 수 0.16이라 한 경우	3
	③ 두 수의 차 5.85라 한 경우	3
답	5.85라고 쓴 경우	1
	총점	10

❷

풀이 카드를 한 번씩 모두 사용하여 만들 수 있는 가장 큰 소 수는 50.2이고, 가장 작은 소수는 0.25입니다. 따라서 두 수의 차는 50.2-0.25=49.95입니다.

답 49.95

	세부 내용	점수
풀이 과정	① 가장 큰 소수 50.2라 한 경우	4
	② 가장 작은 소수 0.25라 한 경우	4
	③ 두 수의 차 49.95라 한 경우	5
답	49.95라고 쓴 경우	2
	총점	15

실력 다지기 .... P. 56

1

풀이 (책의 가로)=0.29-0.07=0.22 (m)이고 (책의 둘레) =0.29+0.22+0.29+0.22=1.02 (m)이므로 책의 네 변을 따라 이어 붙인 색 테이프의 길이도 1.02 m입니다. 150 cm는 1.5 m이므로 남은 색 테이프의 길이는 1.5-1.02=0.48 (m)입니다.

답 0.48 m

	세부 내용	점수
풀이 과정	① 책의 가로 0.22 m라 한 경우	6
	② 책의 둘레 1.02 m라 한 경우	6
	③ 남은 색 테이프의 길이 0.48 m라 한 경우	6
답	0.48 m라고 쓴 경우	2
	총점	20

2

풀이 ▲는 1이 4개이면 4, 0.1이 17개이면 1.7, 0.01이 28개이면 0.28이므로 5.98입니다. ▲가 5.98이므로 ●=▲+2.37=5.98+2.37=8.35입니다. 따라서 ■=●-4.7=8.35-4.7=3.65입니다.

답 3.65

	세부 내용	점수
풀이 과정	① ▲에 알맞은 수 5.98이라 한 경우	6
	② ●에 알맞은 수 8.35라 한 경우	6
	③ ■에 알맞은 수 3.65라 한 경우	6
답	3.65라고 쓴 경우	2
	총점	20

3

풀이 (진이에게 남은 리본의 길이)=1-0.76=0.24 (m)입니다. 민호가 사용한 리본의 길이는 0.76+0.06=0.82 (m)이므로 (민호에게 남은 리본의 길이)=1-0.82=0.18 (m)입니다. 나연이는 정연이보다 0.05 m 덜 사용했으므로 (나연이에게 남은 리본의 길이)=0.38+0.05=0.43 (m)입니다. 남은 리본의 길이의 크기를 비교하면 0.43>0.38>0.24>0.18이므로 남은 리본의 길이가 짧은 순서대로 이름을 쓰면 민호, 진이, 정연, 나연입니다.

답 민호, 진이, 정연, 나연

	세부 내용	점수
풀이 과정	① 진이의 남은 리본 길이 0.24 m라 한 경우	3
	② 민호가 사용한 길이 0.82 m라 한 경우	4
	③ 민호의 남은 리본 길이 0.18 m라 한 경우	3
	④ 나연의 남은 리본 길이 0.43 m라 한 경우	4
	⑤ 남은 길이가 짧은 사람 순서대로 나타낸 경우	4
답	민호, 진이, 정연, 나연 순으로 모두 쓴 경우	2
	총점	20

4

풀이 처음 물통에 들어 있던 물의 양을 □ L라 하면 부은 양은 더하고 새어나간 양을 빼면 남아 있는 양이 되므로 □+3.73+3.73+3.73-2.8=21.38입니다. 따라서 거꾸로 계산하면 □=21.38-2.8-3.73-3.73-3.73=12.99입니다. 따라서 처음 물통에 들어 있던 물은 12.99 L입니다.

답 12.99 L

	세부 내용	점수
풀이 과정	① 처음 물통 물의 양을 □ L라 한 경우	2
	② □+3.73+3.73+3.73-2.8=21.38이라 한 경우	6
	③ □=21.38-2.8-3.73-3.73-3.73=12.99라 한 경우	6
	④ 처음 물통에 물의 양 12.99 L로 구한 경우	4
답	12.99 L라고 쓴 경우	2
	총점	20

제시된 풀이는 **모범답안**이므로 **채점 기준표**를 참고하여 채점하세요.

P. 58

문제 무게가 260 g인 바구니에 귤 2.35 kg을 담았습니다. 귤이 담긴 바구니의 무게는 몇 kg인지 풀이 과정을 쓰고, 답을 구하세요.

오답 제로를 위한 **채점 기준표**

	세부 내용	점수
문제	① 문제에 주어진 두 수를 모두 사용한 경우	5
	② 문제에 주어진 단어를 사용한 경우	5
	③ 덧셈 문제를 만든 경우	5
	총점	15

4단원 사각형

 **핵심유형 1** 수직과 수선

STEP 1 P. 60

1단계	2, 40°
2단계	ㄹㄷㄴ
3단계	직각, 360°
4단계	90° / 360°, 40°, 140°
5단계	140°

STEP 2 P. 61

1단계	(가), (라)
2단계	수직
3단계	직각
4단계	수직, 2, 1, 2, 5
5단계	따라서 도형에서 찾을 수 있는 서로 수직인 변은 모두 5쌍입니다.

STEP 3 P. 62

①

풀이 수직, 90°, 90°, 45°

답 45°

오답 제로를 위한 **채점 기준표**

	세부 내용	점수
풀이 과정	① 직선 (가)와 (나)가 수직이라 한 경우	3
	② 직선 (가)와 (나)가 만나서 이루는 각 90°라 한 경우	3
	③ ㉠의 각도 45°라 한 경우	3
답	45°라고 쓴 경우	1
	총점	10

❷

풀이 선분 ㄴㅁ과 선분 ㄷㅁ이 서로 수직이므로 두 선분이 만나서 이루는 각의 크기는 $90°$입니다. (각 ㄴㅁㄷ)=$90°$이고 한 직선이 이루는 각의 크기가 $180°$이므로 (각 ㄷㅁㄹ)=$180°$-(각 ㄱㅁㄴ)-(각 ㄴㅁㄷ)=$180°-30°-90°=60°$입니다.

답 $60°$

세부 내용		점수
풀이 과정	① (각 ㄴㅁㄷ)의 크기 $90°$라 한 경우	3
	② (각 ㄷㅁㄹ) 구하는 식 $180°-30°-90°$라 한 경우	5
	③ (각 ㄷㅁㄹ)의 크기 $60°$라 한 경우	5
답	$60°$를 쓴 경우	2
총점		15

핵심유형 2 평행과 평행선, 평행선 사이의 거리

STEP 1 .... P. 63

1단계 2

2단계 평행

3단계 더합니다

4단계 2 / 3 / 2, 3, 5

5단계 5

STEP 2 .... P. 64

1단계 3, 4 / 5, 3 / $90°$, $60°$

2단계 거리

3단계 수직

4단계 ㄴㄷ, ㄷㅁ / $60°$, $60°$, $60°$, $60°$ / 3

5단계 따라서 평행선 사이의 거리는 3 cm입니다.

STEP 3 .... P. 65

❶

풀이 $180°$, $120°$ / $360°$, $360°$, $360°$ / $360°$, $120°$, $60°$

답 $60°$

세부 내용		점수
풀이 과정	① (각 ㄴㄷㄹ)의 크기 $120°$라 한 경우	3
	② (각 ㄱㄴㄷ)의 크기 $360°-120°-90°-90°$라 한 경우	3
	③ (각 ㄱㄴㄷ)의 크기 $60°$라 한 경우	3
답	$60°$라고 쓴 경우	1
총점		10

❷

풀이 직선 (가)와 직선 (다)가 만나는 점에서 직선 (나)에 수선을 긋습니다. $50°+●=90°$이므로 $●=90°-50°=40°$입니다. 삼각형에서 $●+★=90°$이므로 $★=90°-●=90°-40°=50°$입니다. $⊙+★=180°$이므로 $⊙=180°-★=180°-50°=130°$입니다.

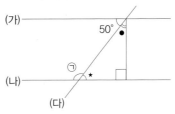

답 $130°$

세부 내용		점수
풀이 과정	① 직선 (가)에서 직선 (나)에 수선을 그은 경우	3
	② $●$의 크기 $40°$라 한 경우	3
	③ $★$의 크기 $50°$라 한 경우	3
	④ $⊙$의 크기 $130°$라 한 경우	4
답	$130°$라고 쓴 경우	2
총점		15

핵심유형 3 사다리꼴

STEP 1 .... P. 66

1단계 사다리꼴, 사다리꼴

2단계 사다리꼴

3단계 사다리꼴

4단계 있고, 없습니다, 평행 / 한, (가), (나), (다)

5단계 (가), (나), (다)

제시된 풀이는 **모범답안**이므로 **채점 기준표**를 참고하여 채점하세요.

1단계 직사각형, (가), (다), (마)

2단계 같은

3단계 사각형

4단계 평행, (가), (다), (라)

5단계 따라서 접어서 자른 후 색칠한 부분을 펼쳤을 때 만들어
지는 사각형은 사다리꼴이고, (가)~(마)에서 이름이 같
은 사각형은 (가), (다), (라)입니다.

❶

풀이 네, 사각형 / 한 / 사다리꼴, 사다리꼴

답 사다리꼴

오답 제로를 위한 **채점 기준표**

	세부 내용	점수
풀이 과정	① 도형의 특징을 설명한 경우	5
	② 도형의 이름을 사다리꼴이라고 한 경우	4
답	사다리꼴이라고 쓴 경우	1
	총점	10

❷

풀이 주어진 도형은 네 개의 변으로 둘러싸인 사각형입니다.
사각형 중에서도 네 변의 길이가 같고 네 각이 모두 직
각인 정사각형입니다. 정사각형은 네 각이 모두 직각이
므로 직사각형이라 할 수 있고 평행한 변이 한 쌍이라도
있는 사각형인 사다리꼴이라 할 수 있습니다. 따라서 주
어진 도형의 이름이 될 수 없는 것은 직각삼각형입니다.

답 직각삼각형

오답 제로를 위한 **채점 기준표**

	세부 내용	점수
풀이 과정	① 도형의 특징을 설명한 경우	5
	② 도형의 이름을 정사각형이면서 사다리꼴, 직사각형이라 할 수 있다고 한 경우	4
	③ 도형의 이름이 될 수 없는 것은 직각삼각형이라 한 경우	4
답	직각삼각형이라고 쓴 경우	2
	총점	15

핵심유형4 여러 가지 사각형

1단계 5, 3

2단계 없는

3단계 평행사변형, 사다리꼴 / 평행사변형, 사다리꼴

4단계 평행사변형, 사다리꼴, 마름모

5단계 ㉢

1단계 도형

2단계 이름

3단계 정사각형

4단계 정사각형, 직각, 길이, 평행

5단계 따라서 주어진 도형의 이름이 될 수 있는 것을 모두 고
르면 ㉠, ㉣, ㉤, ㉥, ㉦, ㉧으로 모두 6개입니다.

❶

풀이 27° / 90°, 90°, 27° / 27°, 36° / 180°, 180°, 36°, 54° /
54°, 126°

답 126°

오답 제로를 위한 **채점 기준표**

	세부 내용	점수
풀이 과정	① (각 ㄷㄱㅂ)의 크기 27°라 한 경우	2
	② (각 ㄴㄱㅂ)의 크기 36°라 한 경우	2
	③ (각 ㄱㅂㄴ)의 크기 54°라 한 경우	2
	④ ㉠의 각의 크기 126°라 한 경우	3
답	126°라고 쓴 경우	1
	총점	10

❷

풀이 (각 ㄹㅁㅅ)=(각 ㄹㅁㄷ)=38°, 삼각형 ㄷㅁㄹ에서 (각
ㄷㅁㄹ)+(각 ㄹㄷㅁ)+(각 ㄷㄹㅁ)=180°이므로 (각 ㄷㄹ
ㅁ)=180°-38°-90°=52°입니다. (각 ㅁㄹㅅ)=90°-(각 ㄷ

ㄹㅁ)=90°-52°=38°이고 (각 ㅁㄹㅂ)=(각 ㄷㄹㅁ)=52°
입니다. 따라서 ㉠=(각 ㅁㄹㅂ)-(각 ㅁㄹㅅ)=52°-38°
=14°입니다.

답　14°

	세부 내용	점수
풀이 과정	① (각 ㄹㅁㄷ)의 크기 38°라 한 경우	2
	② (각 ㄷㄹㅁ)의 크기 52°라 한 경우	2
	③ (각 ㅁㄹㅅ)의 크기 38°라 한 경우	2
	④ (각 ㅁㄹㅂ)의 크기 52°라 한 경우	2
	⑤ ㉠의 각의 크기 14°라 한 경우	5
답	14°라고 쓴 경우	2
	총점	15

실력 다지기 .... P. 72

❶

풀이　서로 평행한 선분은 선분 ㄱㄴ과 선분 ㅂㄷ, 선분 ㄱㄴ과
선분 ㅁㄹ, 선분 ㅂㄷ과 선분 ㅁㄹ, 선분 ㄱㄷ과 선분 ㅂ
ㄹ, 선분 ㄴㅂ과 선분 ㄷㅁ이므로 모두 5쌍입니다. 서로
수직인 선분은 선분 ㄱㄷ과 선분 ㄴㅂ, 선분 ㅂㄹ과 선분
ㄷㅁ, 선분 ㄴㅂ과 선분 ㅂㄹ, 선분 ㄱㄷ과 선분 ㄷㅁ이
므로 모두 4쌍입니다. 따라서 ㉮=5, ㉯=4이므로 ㉮×㉯
=5×4=20입니다.

답　20

	세부 내용	점수
풀이 과정	① 서로 평행한 선분 5쌍을 찾은 경우	6
	② 서로 수직인 선분 4쌍을 찾은 경우	6
	③ ㉮=5, ㉯=4를 쓰고 곱을 20이라 한 경우	6
답	20이라고 쓴 경우	2
	총점	20

❷

풀이　마름모와 정사각형은 네 변의 길이가 같고 평행사변형
은 마주 보는 두 변의 길이가 같으므로 (변 ㄴㄷ)=(변 ㅇ
ㄷ)=(변 ㅅㄹ)=4cm입니다. 도형의 둘레에 4cm인 변이
6개 있고 도형의 둘레가 36cm이므로 (변 ㄷㄹ)+(변 ㅇ
ㅅ)=36-24=12 (cm)입니다. (변 ㄷㄹ)=(변 ㅇㅅ)=6 (cm)
입니다. 따라서 평행사변형 ㄷㄹㅅㅇ의 네 변의 길이의

합은 4+6+4+6=20 (cm)입니다.

답　20 cm

	세부 내용	점수
풀이 과정	① (변 ㄴㄷ)=(변 ㅇㄷ)=(변 ㅅㄹ)=4 cm라 한 경우	6
	② (변 ㄷㄹ)+(변 ㅇㅅ)=36-24=12 (cm)라 한 경우	6
	③ 평행사변형 ㄷㄹㅅㅇ의 네 변의 길이의 합 20 cm라 한 경우	6
답	20 cm를 쓴 경우	2
	총점	20

❸

풀이　2조각을 이용하여 사각형을 만들 수 있는 조각은 (가)와
(나), (가)와 (사), (나)와 (사), (다)와 (라), (다)와 (바),
(라)와 (마), (라)와 (바), (라)와 (사), (마)와 (바), (바)
와 (사)로 모두 10가지입니다.

답　10가지

	세부 내용	점수
풀이 과정	① (가)와 (나), (가)와 (사), (나)와 (사), (다)와 (라), (다)와 (바), (라)와 (마), (라)와 (바), (라)와 (사), (마)와 (바), (바)와 (사)를 찾은 경우	10
	② 모두 10가지라고 한 경우	3
답	10가지라고 쓴 경우	2
	총점	15

❹

풀이　서로 만나지 않는 직선이 있으면 평행선이 있는 자음이
고, 직각이 있으면 수선이 있는 자음입니다. 평행선이 있
는 자음은 ㄷ, ㅁ, ㅂ, ㅍ이고 수선이 있는 자음은 ㄱ, ㄷ,
ㅁ, ㅂ, ㅍ이므로 평행선도 있고 수선도 있는 자음은 ㄷ,
ㅁ, ㅂ, ㅍ입니다.

답　ㄷ, ㅁ, ㅂ, ㅍ

	세부 내용	점수
풀이 과정	① 수선이 있는 자음은 ㄱ, ㄷ, ㅁ, ㅂ, ㅍ임을 쓴 경우	6
	② 평행선이 있는 자음은 ㄷ, ㅁ, ㅂ, ㅍ임을 쓴 경우	6
	③ 수선도 있고 평행선도 있는 자음은 ㄷ, ㅁ, ㅂ, ㅍ임을 쓴 경우	6
답	ㄷ, ㅁ, ㅂ, ㅍ을 모두 쓴 경우	2
	총점	20

제시된 풀이는 **모범답안**이므로
채점 기준표를 참고하여 채점하세요.

.... P. 74

문제 주어진 도형에서 서로 평행한 두 변은 모두 몇 쌍인지 풀이 과정을 쓰고, 답을 구하세요.

오답 제로를 위한 **채점 기준표**

	세부 내용	점수
	① 문제에 주어진 그림을 사용한 경우	5
문제	② 문제에 주어진 단어를 사용한 경우	5
	③ 문제를 주어진 조건에 맞게 만든 경우	5
	총점	15

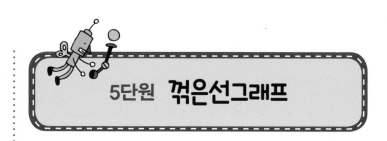

5단원 꺾은선그래프

 **핵심유형 1** 꺾은선그래프

STEP 1 .... P. 76

1단계 꺾은선

2단계 많이, 늘어났는지

3단계 한, 점, 많이

4단계 2.5, 0.5 / 6, 28.5 / 30.5, 2

5단계 5, 2

STEP 2 .... P. 77

1단계 꺾은선

2단계 높을, 낮을

3단계 차

4단계 0.5, 0.1 / 2, 20 / 3, 19.3 / 20, 19.3, 0.7

5단계 따라서 수면의 높이가 가장 높은 때와 가장 낮은 때의 높이의 차는 0.7 m입니다.

STEP 3 .... P. 78

❶

풀이 20, 20, 4 / 목, 84, 월, 40 / 84, 40, 124

답 124개

오답 제로를 위한 **채점 기준표**

	세부 내용	점수
	① 세로 눈금 한 칸의 크기 4개라 한 경우	2
풀이 과정	② 판매량이 가장 많을 때 84개라 한 경우	2
	③ 판매량이 가장 적을 때 40개라 한 경우	2
	④ 판매량의 합을 124개라 한 경우	3
답	124개를 쓴 경우	1
	총점	10

❷

풀이 세로 눈금 5칸이 15권을 나타내므로 세로 눈금 한 칸의 크기는 15÷5=3(권)입니다. 도서 대출이 가장 많은 때는 금요일로 66권이고 가장 적은 때는 화요일로 39권입니다. 따라서 도서 대출이 가장 많은 때와 가장 적은 때의 합은 66+39=105(권)입니다.

답 105권

	세부 내용	점수
풀이 과정	① 세로 눈금 한 칸의 크기 3권이라 한 경우	3
	② 대출이 가장 많은 때 권 수 66권을 구한 경우	3
	③ 대출이 가장 적은 때 권 수 39권을 구한 경우	3
	④ 대출 권 수의 합 105권을 구한 경우	4
답	105권을 쓴 경우	2
	총점	15

오답 제로를 위한 **채점 기준표**

 **핵심유형2** **자료를 조사하여 꺾은선그래프로 나타내기**

STEP 1 .... P. 80

1단계 144, 144.2, 144.8, 145.3, 145.9

2단계 잘못된

3단계 꺾은선

4단계 0.1, 세로, 제목, 145.9, 144

5단계 ㉤

STEP 2 .... P. 81

1단계 꺾은선, 소희

2단계 바르게

3단계 소희

4단계 20 / 1020, 260 / 1200, 1280 / 1280, 1200, 80 / 1300

5단계 따라서 꺾은선그래프를 보고 바르게 설명한 사람은 소희입니다.

STEP 3 .... P. 82

❶

풀이 10, 10, 2 / 4, 10 / 4, 10, 7

답 약 7 cm

오답 제로를 위한 **채점 기준표**

	세부 내용	점수
풀이 과정	① 세로 눈금 한 칸의 크기 2 cm 구한 경우	2
	② 5일에 강낭콩 키 4 cm라 한 경우	2
	③ 7일에 강낭콩 키 10 cm라 한 경우	2
	④ 키의 중간 값 약 7 cm라 한 경우	2
답	약 7 cm를 쓴 경우	2
	총점	10

❷

풀이 세로 눈금 5칸의 크기가 0.5°C이므로 세로 눈금 한 칸의 크기는 0.1°C입니다. 오전 11시에 희수의 체온은 37.8°C이고 낮 12시에 희수의 체온은 37.4°C입니다. 따라서 오전 11시 30분에 희수의 체온은 37.8°C와 37.4°C의 중간 값인 약 37.6°C입니다.

답 약 37.6°C

오답 제로를 위한 **채점 기준표**

	세부 내용	점수
풀이 과정	① 세로 눈금 한 칸의 크기 0.1°C 구한 경우	3
	② 오전 11시에 체온 37.8°C라 한 경우	3
	③ 12시에 체온 구하기 37.4°C라 한 경우	3
	④ 체온의 중간 값 약 37.6°C라 한 경우	4
답	약 37.6°C를 쓴 경우	2
	총점	15

 제시된 풀이는 **모범답안**이므로 **채점 기준표**를 참고하여 채점하세요.

정답 및 풀이 • **19**

.... P. 84

①

풀이 점이 위치한 세로 눈금의 칸 수를 세면 1주는 4칸, 2주
는 6칸, 3주는 8칸, 4주는 10칸입니다. 칸 수를 모두 더한
4+6+8+10=28(칸)이 112상자를 나타내므로 세로 눈금
한 칸은 112÷28=4(상자)를 나타냅니다. ㉠=4×10=40,
㉡=4×5=20 따라서 ㉠+㉡=40+20=60입니다.

답 60

	세부 내용	점수
풀이 과정	① 각 주차별 세로 눈금 칸 수 4칸, 6칸, 8칸 10칸으로 나타낸 경우	3
	② 칸 수를 모두 더하면 28칸이라 한 경우	3
	③ 세로 눈금 한 칸의 크기 4상자라 한 경우	4
	④ ㉠=40, ㉡=20이라 한 경우	4
	⑤ ㉠+㉡=60이라 한 경우	4
답	60을 쓴 경우	2
	총점	20

②

풀이 세로 눈금 한 칸은 김밥 1줄입니다. 불고기 김밥 판매량
은 오전 10시에 13줄, 오전 11시에 11줄, 낮 12시에 18
줄, 오후 1시에 18줄, 오후 2시에 16줄입니다. 조사한 시
간 동안의 불고기 김밥 판매량은 13+18+18+6=76(줄)입
니다. 따라서 조사한 기간 동안 불고기 김밥 판매액은 76
×3000=228000(원)입니다.

답 228000원

	세부 내용	점수
풀이 과정	① 세로 눈금 한 칸은 1줄이라 한 경우	3
	② 시각별 판매량 13줄, 11줄, 18줄, 18줄, 16줄을 나타낸 경우	5
	③ 조사한 시간 동안 판매량의 합을 76줄로 구한 경우	5
	④ 판매액 228000원을 구한 경우	5
답	228000원을 쓴 경우	2
	총점	20

③

풀이 온도 차가 가장 큰 때는 교실 안과 교실 밖의 온도를 나
타내는 두 점 사이의 간격이 가장 큰 시각이므로 오후 1
시입니다. 세로 눈금 5칸의 크기가 10°C이므로 세로 눈

금 한 칸의 크기는 10÷5=2°C입니다. 오후 1시에 교실
안의 온도는 18°C이고 교실 밖의 온도는 10°C입니다. 따
라서 오후 1시에 교실 안과 밖의 온도 차는 18-10=8(°
C)입니다.

답 오후 1시, 8°C

	세부 내용	점수
풀이 과정	① 두 점 사이 간격이 가장 큰 시각 모두 오후 1시라 한 경우	3
	② 세로 눈금 한 칸의 크기 2°C라 한 경우	5
	③ 오후 1시에 안은 18°C 밖은 10°C라 한 경우	5
	④ 온도 차 8°C라 한 경우	5
답	오후 1시, 8°C를 모두 쓴 경우	2
	총점	20

④

풀이 세로 눈금 한 칸의 크기는 5÷5=1(건)입니다. 2015년
은 12건, 2016년은 12건, 2017년은 12건, 2018년은 13
건, 2019년은 14건입니다. 따라서 2015년부터 2019
년까지 등재된 우리나라의 세계유산은 12+12+12+13
+14=63(건)입니다.

답 63건

	세부 내용	점수
풀이 과정	① 세로 눈금 한 칸의 크기 1건이라 한 경우	4
	② 연도별 건 수 구한 경우	7
	③ 건 수의 합 63건이라 한 경우	7
답	63건을 쓴 경우	2
	총점	20

.... P. 88

문제 어느 가게의 4일 동안 식빵 판매량을 조사하여 나타낸
꺾은선그래프입니다. 4일 동안 판매한 식빵은 모두 몇
봉지인지 풀이 과정을 쓰고, 답을 구하세요.

	세부 내용	점수
문제	① 문제에 주어진 그래프를 이용한 경우	5
	② 문제에 주어진 낱말을 사용한 경우	5
	③ 판매한 식빵 수의 합을 구하는 문제를 만든 경우	5
	총점	15

6단원 다각형

 **핵심유형 1** 다각형

STEP 1 .... P. 90

1단계 (가), (다), (마)

2단계 다각형, 합

3단계 더합니다

4단계 (가), (다), (마) / 3, 5, 4 / 3, 5, 4, 12

5단계 12

STEP 2 .... P. 91

1단계 6, 7

2단계 변, 합

3단계 더합니다

4단계 변, 6, 육각형 / 7, 칠각형 / 6, 7, 13

5단계 따라서 두 사람이 만든 다각형의 변의 수의 합은 13개 입니다.

STEP 3 .... P. 92

❶

풀이 4, 180°, 180°, 4, 720°

답 720°

오답 제로를 위한 **채점 기준표**

	세부 내용	점수
풀이 과정	① 삼각형 4개로 나눈다고 한 경우	4
	② 삼각형을 이용하여 육각형의 모든 각의 크기의 합 720°를 구한 경우	5
답	720°라고 쓴 경우	1
	총점	10

❷

풀이 오각형의 한 꼭짓점에서 다른 꼭짓점으로 대각선을 그으면 삼각형 3개로 나눌 수 있습니다. 삼각형 세 내각의 크기의 합은 180°이므로 (오각형의 모든 각의 크기의 합)=180°×3=540°입니다.

답 540°

오답 제로를 위한 **채점 기준표**

	세부 내용	점수
풀이 과정	① 삼각형 3개로 나눈다고 한 경우	6
	② 삼각형을 이용하여 오각형의 모든 각의 크기의 합 540°를 구한 경우	7
답	540°라고 쓴 경우	2
	총점	15

 **핵심유형 2** 정다각형

STEP 1 .... P. 93

1단계 (나), (다), (마)

2단계 정다각형

3단계 같고, 같은

4단계 (가), (나), (마)

5단계 3

STEP 2 .... P. 94

1단계 121, 1080

2단계 합

3단계 같고, 같은

4단계 11, 11 / 8, 135 / 11, 135, 146

5단계 따라서 ㉠과 ㉡에 알맞은 수의 합은 146입니다.

 제시된 풀이는 **모범답안**이므로 **채점 기준표**를 참고하여 채점하세요.

❶

풀이　4 / 180°, 4, 720° / 720°, 6, 120°

답　120°

오답 제로를 위한 **채점 기준표**

세부 내용		점수
풀이 과정	① 정육각형의 모든 각의 크기의 합 720°를 구한 경우	4
	② 정육각형 한 각의 크기를 120°로 구한 경우	5
답	120°라고 쓴 경우	1
총점		10

❷

풀이　정오각형의 꼭짓점을 이어서 삼각형 3개로 나누어 정
오각형의 모든 각의 크기의 합을 구하면 180°×3=540°
입니다. 정오각형은 각의 크기가 모두 같습니다. 따라서
(정오각형의 한 각의 크기)=540°÷5=108°입니다.

답　108°

오답 제로를 위한 **채점 기준표**

세부 내용		점수
풀이 과정	① 정오각형의 모든 각의 크기의 합 540°를 구한 경우	6
	② 정오각형의 모든 각의 크기를 108°로 구한 경우	7
답	108°라고 쓴 경우	2
총점		15

 **핵심유형 3**　대각선

1단계　사각형, 삼각형

2단계　합

3단계　대각선, 더합니다

4단계

2, 5 / 2, 5, 7

5단계　7

1단계　육각형, 꼭짓점, 꼭짓점, 2

2단계　차

3단계　대각선, 차

4단계　3, 6 / 3, 9 / 6, 27 / 27, 9, 18

5단계　따라서 육각형과 구각형의 대각선 수의 차는 18개입니다.

❶

풀이　ㄹㄴ, 10, ㄷㄹ, 6 / ㄴㄷ, 8, 8, 6, 10, 24

답　24 cm

오답 제로를 위한 **채점 기준표**

세부 내용		점수
풀이 과정	① 선분 ㄹㄴ을 10 cm로 구한 경우	3
	② 삼각형 ㄴㄷㄹ에서 나머지 두 변의 길이 6 cm, 8 cm를 구한 경우	3
	③ 삼각형 ㄴㄷㄹ의 세 변의 길이의 합 24 cm로 구한 경우	3
답	24 cm를 쓴 경우	1
총점		10

❷

풀이　마름모는 한 대각선이 다른 대각선을 반으로 나누므로
(선분 ㄴㄹ)=7×2=14 (cm)입니다. 삼각형 ㄱㄴㄹ에서
(변 ㄱㄴ)+(변 ㄱㄹ)=32-14=18 (cm)이고 마름모는 네
변의 길이가 같으므로 (변 ㄱㄴ)=18÷2=9 (cm)입니다.
따라서 네 변의 길이의 합은 9×4=36 (cm)입니다.

답　36 cm

오답 제로를 위한 **채점 기준표**

세부 내용		점수
풀이 과정	① 선분 ㄴㄹ 14 cm로 구한 경우	3
	② (변 ㄱㄴ)+(변 ㄱㄹ)의 합 18 cm로 구한 경우	3
	③ 변 ㄱㄴ의 길이 9 cm로 구한 경우	3
	④ 마름모의 네 변의 길이의 합 36 cm로 구한 경우	4
답	36 cm를 쓴 경우	2
총점		15

핵심유형 4 모양 만들기, 모양 채우기

STEP 1 .... P. 99

1단계 (가), (다)

2단계 합

3단계 더합니다

4단계 6, 3, 2

5단계 6, 3, 2, 11

STEP 2 .... P. 100

1단계 4, 3, 16, 6

2단계 삼각형

3단계 2

4단계 2, 4, 3 / 4, 4, 3, 2 / 2, 8, 8, 2, 16

5단계 따라서 삼각형 모양 조각은 모두 16개 필요합니다.

STEP 3 .... P. 101

❶

풀이 2, 3 / 2, 4 / 3, 3, 4, 7

답 7개

❷

풀이 (가) 모양 조각 2개로 (나) 모양을 만들 수 있고, (가) 모양 조각 3개로 (다) 모양을 만들 수 있습니다. (나) 모양을 3개 만들 때 필요한 (가) 모양 조각은 2×3=6(개)이고, (다) 모양을 5개 만들 때 필요한 (가) 모양 조각은 3×5=15(개)이므로 (가) 모양 조각은 모두 6+15=21(개) 필요합니다.

답 21개

실력 다지기 .... P. 102

❶

풀이 정육각형의 여섯 각의 크기의 합은 720°이므로 한 각의 크기는 720°÷6=120°입니다. 직선이 이루는 각도는 180°이므로 (각 ㅁㄹㅂ)=(각 ㄹㅂㅁ)=180°-120°=60°입니다. 삼각형 ㄹㅁㅂ에서 (각 ㄹㅁㅂ)=180°-60°-60°=60°이므로 삼각형 ㄹㅁㅂ은 세 각의 크기가 모두 60°인 정삼각형입니다. 따라서 알맞은 것은 ㉠입니다.

답 ㉠

❷

풀이 정오각형은 변의 길이가 모두 같으므로 ㉠=6×5=30입니다. 정오각형은 대각선의 길이가 모두 같고 그을 수 있는 대각선의 수는 5개이므로 ㉡=8×5=40입니다. 따라서 ㉡>㉠, ㉡-㉠=40-30=10이므로 ㉠과 ㉡의 차는 10입니다.

답 10

제시된 풀이는 **모범답안**이므로 채점 기준표를 참고하여 채점하세요.

세부 내용		점수
풀이 과정	① ㉠=30이라 한 경우	6
	② ㉡=40이라 한 경우	6
	③ ㉡-㉠=10이라 한 경우	6
답	10을 쓴 경우	2
총점		20

P. 104

문제 정사각형의 둘레와 정육각형의 둘레가 같습니다. 정육각형의 한 변의 길이는 몇 cm인지 풀이 과정을 쓰고, 답을 구하세요.

오답 제로를 위한 **채점 기준표**

세부 내용		점수
문제	① 문제에 주어진 그림을 사용한 경우	5
	② 문제에 주어진 낱말을 사용한 경우	5
	③ 정육각형 한 변의 길이를 구하는 문제를 만든 경우	5
총점		15

❸

풀이

수	18	19	20	21	22	23	24
	16	15	14	13	12	11	10
차	2	4	6	8	10	12	14

합이 34이고 차가 14인 두 수는 24와 10이므로 (선분 ㄴㄹ)=24 cm이고 (선분 ㄱㄷ)=10 cm입니다. 마름모의 한 대각선은 다른 대각선을 똑같이 둘로 나누므로 (선분 ㄴㅁ)=24÷2=12 (cm)이고 (선분 ㄱㅁ)=10÷2=5 (cm)입니다. 따라서 삼각형 ㄱㄴㅁ의 둘레는 13+5+12=30 (cm)입니다.

답 30 cm

오답 제로를 위한 **채점 기준표**

세부 내용		점수
풀이 과정	① 합이 34, 차가 14인 두 수를 구한 경우	5
	② (선분 ㄴㅁ)=12 (cm)로 구한 경우	4
	③ (선분 ㄱㅁ)=5 (cm)로 구한 경우	4
	④ 삼각형 ㄱㄴㅁ의 둘레는 30 cm라 한 경우	5
답	30 cm를 쓴 경우	2
총점		20

❹

풀이 합이 8이 되는 마름모를 만들면 다음과 같습니다.

따라서 4개입니다.

답 4개

오답 제로를 위한 **채점 기준표**

세부 내용		점수
풀이 과정	합이 8이 되는 마름모를 모두 찾은 경우	23
답	4개를 쓴 경우	2
총점		25

이것이 THIS IS 시리즈다!

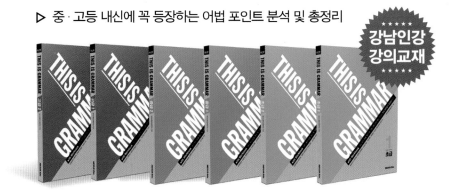

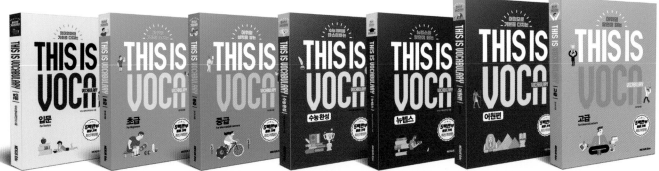

넥서스에듀 홈페이지에서 제공하는 '스페셜 유형'과 '추가 문제'들로
내용을 보충하고 배운 것을 복습할 수 있습니다.

동영상 강의
무료 제공

www.nexusEDU.kr/math

넥서스에듀 홈페이지에서 제공하는 '스페셜 유형'과 '추가 문제'들로
내용을 보충하고 배운 것을 복습할 수 있습니다.